# Python 程序设计基础教程

郝俊寿　崔　娜▣主　编
张巧燕　薛慧君　宋菲菲　弓艳荣▣副主编

清华大学出版社
北京

## 内 容 简 介

本书主要是为初学者提供一个系统且全面学习 Python 编程的指南，帮助初学者逐步掌握 Python 的核心概念和基本技能。本书首先详细介绍了 Python 开发环境的搭建与使用；然后讲解 Python 的基础语法，如变量、运算符、数据类型、流程控制等；最后深入探讨函数、文件操作、异常处理、正则表达式等更高级的主题。

本书由浅入深、层层递进，可作为高等院校相关专业的教材，也可供对 Python 感兴趣的自学者参考使用。

本书封面贴有清华大学出版社防伪标签，无标签者不得销售。

版权所有，侵权必究。举报：010-62782989，beiqinquan@tup.tsinghua.edu.cn。

**图书在版编目（CIP）数据**

Python 程序设计基础教程 / 郝俊寿，崔娜主编 .
北京：清华大学出版社，2024.8. -- ISBN 978-7-302-67022-3

Ⅰ . TP312.8

中国国家版本馆 CIP 数据核字第 2024Q27F21 号

责任编辑：郭丽娜
封面设计：曹　来
责任校对：李　梅
责任印制：沈　露

出版发行：清华大学出版社
　　　网　　址：https://www.tup.com.cn，https://www.wqxuetang.com
　　　地　　址：北京清华大学学研大厦 A 座　　　邮　编：100084
　　　社 总 机：010-83470000　　　邮　购：010-62786544
　　　投稿与读者服务：010-62776969，c-service@tup.tsinghua.edu.cn
　　　质量反馈：010-62772015，zhiliang@tup.tsinghua.edu.cn
　　　课件下载：https://www.tup.com.cn，010-83470410
印 装 者：三河市龙大印装有限公司
经　　销：全国新华书店
开　　本：185mm×260mm　　　印　张：11.25　　　字　数：255 千字
版　　次：2024 年 8 月第 1 版　　　印　次：2024 年 8 月第 1 次印刷
定　　价：49.00 元

产品编号：105923-01

# 前　言

随着信息化进程的不断推进，计算机科学与技术已经渗入社会的方方面面，对编程人才的需求也日渐增加。Python作为一种高级编程语言，提供了丰富的语法和库，使开发人员可以轻松地编写各种类型的软件。Python从诞生到现在，已经走过了三十多年的发展历程。正是因为其简洁、优雅和强大的特性，Python在各个领域得到了广泛的应用，成为一种广受欢迎的高级编程语言。此外，它还不断吸收新的语言特性，完善生态系统，成为现代软件开发中不可或缺的工具。

本书是为初学者提供一个系统且全面学习Python编程的指南，帮助初学者逐步掌握Python的核心概念和基本技能。本书首先详细介绍了Python开发环境的搭建与使用；然后讲解Python的基础语法，如变量、运算符、数据类型、流程控制等；最后深入探讨函数、文件操作、异常处理、正则表达式等更高级的主题。层层递进，帮助初学者打好坚实的基础。

本书具有以下特点：

（1）以简明易懂的方式呈现知识点；

（2）结合具体应用，更深刻地掌握相关概念；

（3）配有丰富的示例代码和课后练习题，学练结合，加深理解。

本书由郝俊寿和崔娜担任主编，张巧燕、薛慧君、宋菲菲和弓艳荣担任副主编。在编写过程中，编者参考借鉴了许多优秀教材，也查阅了一些文献，在此对相关作者的辛勤付出表示衷心的感谢！

由于编者水平有限，书中难免有欠妥之处，敬请广大读者批评、指正。

编　者

2024.5

程序源代码

习题答案

# 目　录

**第1章　Python 入门** …………………………………………………… 1

1.1　Python 概述 ………………………………………………… 1
 1.1.1　Python 的发展历程 ……………………………… 1
 1.1.2　了解 Python ……………………………………… 2
 1.1.3　Python 的特点 …………………………………… 2
 1.1.4　Python 的主要应用领域 ………………………… 3

1.2　编译的概念和分类 …………………………………………… 4
 1.2.1　编译器的概念 …………………………………… 4
 1.2.2　计算机语言的编译分类 ………………………… 4

1.3　Python 解释器 ………………………………………………… 4
 1.3.1　Python 解释器概述 ……………………………… 4
 1.3.2　Python 解释器的安装 …………………………… 4

1.4　两种运行 Python 程序的方式 ……………………………… 8
 1.4.1　交互式 …………………………………………… 8
 1.4.2　文件式 …………………………………………… 9

1.5　了解和安装 PyCharm ……………………………………… 11
 1.5.1　PyCharm 概述 …………………………………… 11
 1.5.2　PyCharm 安装 …………………………………… 11

习题 …………………………………………………………………… 15

**第2章　Python 基础** …………………………………………………… 16

2.1　缩进 …………………………………………………………… 16
 2.1.1　代码缩进 ………………………………………… 16
 2.1.2　缩进规则与方法 ………………………………… 17

2.2　代码注释 ……………………………………………………… 17
 2.2.1　单行注释 ………………………………………… 17
 2.2.2　多行注释 ………………………………………… 17

2.3　标识符概述 …………………………………………………… 18
 2.3.1　标识符 …………………………………………… 18

- 2.3.2 关键字 ... 19
- 2.4 常量和变量 ... 20
  - 2.4.1 常量 ... 20
  - 2.4.2 变量 ... 21
- 2.5 运算符 ... 21
  - 2.5.1 常用运算符 ... 21
  - 2.5.2 运算符优先级 ... 24
- 习题 ... 25

## 第3章 基本数据类型 ... 26

- 3.1 数据类型 ... 26
- 3.2 数字类型 ... 26
  - 3.2.1 int ... 27
  - 3.2.2 bool ... 27
  - 3.2.3 float ... 28
  - 3.2.4 complex ... 28
- 3.3 字符串类型 ... 28
  - 3.3.1 字符串的编码形式 ... 28
  - 3.3.2 字符串的表现形式 ... 28
  - 3.3.3 多行字符串的输出 ... 29
- 3.4 字符串的相关操作 ... 29
  - 3.4.1 字符串索引与切片 ... 29
  - 3.4.2 字符串输出 ... 31
  - 3.4.3 字符串输入 ... 33
  - 3.4.4 字符串操作符 ... 33
  - 3.4.5 字符串内置函数 ... 34
  - 3.4.6 字符串处理方法 ... 35
- 3.5 数值内置函数 ... 37
- 3.6 类型判断和类型间转换 ... 38
  - 3.6.1 类型判断 ... 38
  - 3.6.2 类型转换 ... 40
- 习题 ... 40

## 第4章 组合数据类型 ... 41

- 4.1 序列类型概述 ... 41
- 4.2 字符串 ... 42
- 4.3 列表 ... 42

  4.3.1 列表的创建与访问 ·············· 43
  4.3.2 列表元素的删除 ················ 43
  4.3.3 列表元素访问与成员资格判断 ···· 44
  4.3.4 列表的处理函数 ················ 45
  4.3.5 列表的处理方法 ················ 46
 4.4 元组 ································ 46
  4.4.1 元组的创建 ···················· 46
  4.4.2 元组的访问 ···················· 47
 4.5 字典 ································ 47
  4.5.1 字典的创建与访问 ·············· 48
  4.5.2 字典的处理函数 ················ 49
 4.6 多行语句 ·························· 50
  4.6.1 长的列表或元组 ················ 50
  4.6.2 长的字典 ······················ 51
  4.6.3 长的函数调用 ·················· 51
  4.6.4 多行跨越 ······················ 51
  4.6.5 复杂表达式 ···················· 52
  4.6.6 函数或类的定义 ················ 52
 4.7 切片操作 ·························· 52
 习题 ···································· 54

## 第 5 章 流程控制 55

 5.1 顺序结构 ·························· 55
 5.2 分支结构 ·························· 56
  5.2.1 单分支结构 ···················· 56
  5.2.2 二分支结构 ···················· 56
  5.2.3 多分支结构 ···················· 57
  5.2.4 多支嵌套 ······················ 59
 5.3 循环结构 ·························· 60
  5.3.1 判断条件 ······················ 60
  5.3.2 Python 的条件循环结构 ········· 60
  5.3.3 遍历循环 ······················ 62
  5.3.4 循环控制 ······················ 64
 5.4 异常处理结构 ······················ 65
  5.4.1 认识异常 ······················ 65
  5.4.2 处理异常语句 ·················· 68
  5.4.3 捕获异常 ······················ 70

5.4.4　else 子句 …… 72
　习题 …… 74

# 第 6 章　函数 …… 76

## 6.1　函数基础 …… 76
　　6.1.1　函数定义 …… 76
　　6.1.2　使用函数的好处 …… 77
## 6.2　输入和输出函数 …… 77
　　6.2.1　input() 函数 …… 77
　　6.2.2　print() 函数 …… 78
## 6.3　函数的参数传递 …… 79
　　6.3.1　函数参数 …… 79
　　6.3.2　函数的调用 …… 80
　　6.3.3　位置参数 …… 81
　　6.3.4　关键字参数 …… 82
　　6.3.5　默认值参数 …… 82
　　6.3.6　不定长参数 …… 84
　　6.3.7　参数的混合使用 …… 85
　　6.3.8　函数的返回值 …… 86
## 6.4　局部变量和全局变量 …… 87
　　6.4.1　局部变量 …… 87
　　6.4.2　全局变量 …… 87
## 6.5　函数举例 …… 89
　　6.5.1　内置函数 …… 89
　　6.5.2　匿名函数 …… 89
　　6.5.3　递归函数 …… 91
## 6.6　案例分析 …… 95
　　6.6.1　计算器 …… 95
　　6.6.2　手机通讯录 …… 96
　习题 …… 102

# 第 7 章　文件和数据格式化 …… 103

## 7.1　文件的操作 …… 103
　　7.1.1　文件打开 …… 103
　　7.1.2　文件关闭 …… 105
## 7.2　文件的处理 …… 105
　　7.2.1　文件读取 …… 105
　　7.2.2　文件写入 …… 107

7.3 数据分类 …… 107
 7.3.1 一维数据 …… 108
 7.3.2 二维数据 …… 109

7.4 序列化模块 …… 110
 7.4.1 pickle …… 110
 7.4.2 JSON …… 112

习题 …… 113

## 第8章 Python计算生态 …… 115

8.1 理解计算生态 …… 115
 8.1.1 计算生态的发展历程 …… 115
 8.1.2 计算生态的特征 …… 116

8.2 模块和包 …… 117
 8.2.1 模块的定义与使用 …… 117
 8.2.2 包的构建与导入 …… 119

8.3 库的发布与使用 …… 119
 8.3.1 库的发布 …… 120
 8.3.2 自定义库的导入与使用 …… 121

8.4 常见库介绍 …… 121
 8.4.1 time 库 …… 121
 8.4.2 random 库 …… 122
 8.4.3 turtle 库 …… 126
 8.4.4 jieba 库 …… 131
 8.4.5 wordcloud 库 …… 133
 8.4.6 pyinstaller 库 …… 137

习题 …… 138

## 第9章 面向对象 …… 139

9.1 面向对象思想 …… 139

9.2 类和对象 …… 140
 9.2.1 类的定义 …… 140
 9.2.2 类的使用 …… 141
 9.2.3 对象的创建 …… 142

9.3 属性和方法 …… 143
 9.3.1 属性 …… 143
 9.3.2 方法 …… 145

9.4 封装、继承和多态的概念与应用 …… 147

9.4.1　封装 ·················································· 147
　　9.4.2　继承 ·················································· 148
　　9.4.3　多态 ·················································· 149
习题 ································································ 150

# 第 10 章　正则表达式 ·············································· 152

10.1　正则表达式的概念与语法 ······································ 152
　　10.1.1　正则表达式的定义 ···································· 152
　　10.1.2　正则表达式的语法 ···································· 153
10.2　re 库的基本应用 ············································· 155
10.3　re 库的 match 对象 ·········································· 161
10.4　re 库的贪婪匹配和最小匹配 ··································· 162
　　10.4.1　re 库的贪婪匹配 ······································ 162
　　10.4.2　re 库的最小匹配 ······································ 163
10.5　案例：电影信息提取 ·········································· 164
习题 ································································ 166

# 参考文献 ·························································· 168

# 第1章 Python 入门

> **本章导语**
>
> 在这个快速发展的数字时代,编程已经成为一项核心技能。Python 作为最受欢迎的编程语言之一,以其易学易用和强大的功能脱颖而出。Python 由于从数据科学到网络开发,从自动化到人工智能的广泛应用,已成为技术创新和职业发展的强大工具。
>
> 本章作为 Python 学习之旅的第一步,将提供学习 Python 所需的必要工具,从了解 Python 的基本特性到实际安装和运行第一个程序,通过详细的讲解以确保读者在未来的学习中少走弯路。

> **学习目标**
>
> (1)了解 Python 的起源、发展及其在当今世界的重要性。
> (2)了解 Python 语言的核心特点和主要应用领域。
> (3)能够安装 Python 解释器,并学会基本的程序运行方法。
> (4)掌握使用 PyCharm 强大的集成开发环境来编写和测试 Python 程序。
> (5)能够进行基础的 Python 编程,解决简单的编程问题。

## 1.1 Python 概述

### 1.1.1 Python 的发展历程

1989 年 12 月,来自荷兰阿姆斯特丹的吉多·范罗苏姆(Guido van Rossum),想起自己曾参与设计的一种优美与强大并存,但最终惨遭失败的程序设计语言 ABC,想着不如开发一个新的脚本解释程序,作为 ABC 语言的继承,于是 Python 诞生了。他用 C 语言写出了 Python 的解释器,由于其非常喜爱一部叫 *Monty Python's Flying Circus* 的生活情景剧,因此将这种全新的程序设计语言命名为 Python。早期世界上 Python 的其他开发爱好者通过邮件列表与吉多进行交流或对其提供建议。不同领域的 Python 使用者根据自身需求对 Python 功能进行了不同的扩展,他们会把自己改进的模块邮件列表发给吉多,由他来决定是否加入该特性或者模块。

随着 Python 的影响力越来越大以及互联网的兴起,信息交流的途径更加方便,于是有了开源这种新的软件开发模式,即将程序代码公布到网络上,由所有研究人员共同开发改进。

2000 年 10 月,Python 2.0 发布。Python 从基于邮件列表的开发方式转为完全开源的开发方式,此时吉多只负责大的框架的制定,至于实现细节,则交给由全世界最优秀的

Python 开发者组成的 Python 社区。Python 有今天的影响力，Python 社区功不可没，但吉多对于 Python 仍然具有绝对的仲裁权。

2008 年 12 月，Python 3.0 发布。Python 3.0 版本在语法和解释器内部都做了重大改进，解释器内部完全采用面向对象的方式实现。Python 3.0 与 Python 2.x 系列不兼容，这使得很多利用 Python 2.x 编写的程序无法在 Python 3.x 的环境下有效运行。

在 2008 年到 2015 年相当长的一段时间里，Python 语言的发展受到了一定的制约。但是到了今天，所有 Python 主流的、最重要的程序都在 Python 3.x 上运行，且国际上最重要的 Python 程序员也在使用 Python 3.x 进行编程，这为 Python 未来的发展提供了非常有力的支持。

### 1.1.2 了解 Python

Python 的创始人吉多是一位计算机程序员，同时他在数学方面也有着很深的造诣。从设计的哲学上来说，由于吉多经历过数学方面的专业训练，因此他创立的语言具有高度统一性，语法、格式和工具集也都具有一致性。Python 是自由开源软件之一，用户可以自由下载、复制、阅读或修改代码，并可自由发布修改后的代码。这也是相当一部分用户热衷于改进和优化 Python 的原因。

### 1.1.3 Python 的特点

#### 1. Python 的优点

（1）语言简洁。Python 主要用来精确表达问题逻辑，更接近自然语言，只有 33 个保留字，十分简洁。

（2）语法优美。用一行代码生成一个列表，简洁明了。

（3）易学易用。Python 极易上手，因为 Python 有极其简单的说明文档。

（4）可移植性好。由于开源的本质，Python 已经被移植在许多平台上（经过修改后能够工作在不同平台上），这些平台包括 Linux、Windows、Mac FreeBSD 和 Solaris 等。

（5）扩展性好。Python 提供了丰富的标准库，可以满足各种编程场景的需求，如数据分析与挖掘、图像处理和网络爬虫等。

（6）类库丰富。Python 解释器拥有丰富的内置类和函数库，并且世界各地的程序员通过开源社区贡献了十几万个覆盖各应用领域的第三方库。

（7）模式多样。支持面向对象编程（使用类和对象来组织代码）。

（8）通用灵活。Python 几乎可以用于任何与程序设计相关应用的开发。

（9）良好的中文支持。Python 3 默认字符集和编码方式都是 UTF-8，因此可以直接支持和处理中文字符串。对于 Python 2.x 版本，其默认的编码格式是 ASCII，这意味着如果不进行任何设置，则该版本无法正确处理中文，但只要在文件开头加入"# -*- coding: UTF-8 -*-"或者"# coding=utf-8"，就可实现对中文的支持。

**注意**："# coding=utf-8"等号两边不要加空格。Python 还提供了许多内置的汉字处理方法，例如，len() 函数可以计算字符串的长度；str.encode() 函数可以将字符串编码为字节串；str.decode() 函数可以将字节串解码为字符串等。

**2. Python 的缺点**

（1）执行效率不够高，Python 程序没有 C++、Java 编写的程序高效。

（2）Python 3.x 和 Python 2.x 不兼容。

## 1.1.4　Python 的主要应用领域

Python 拥有着许多优质的文档和丰富的库，对科学用途的编程任务都是非常有用的，其领域包括但不限于以下几个方面。

（1）Web 开发。在网站开发方面，Python 具有 Django、Flask、Pyramid、Bottle、Tornado 和 Web2py 等框架，使用 Python 开发的网站具有小而精的特点。知乎、豆瓣等应用都是使用 Python 开发的。

（2）网络爬虫。网络爬虫又称网络蜘蛛，是指按照某种规则在网络上抓取所需内容的脚本程序。Python 自带的 urllib 库、第三方的 requests 库和 Scrapy 框架让爬虫开发变得非常容易。

（3）人工智能。虽然可以使用各种不同的编程语言开发人工智能程序，但是 Python 在人工智能领域具有独特的优势。在人工智能领域，有许多基于 Python 的第三方库，如 Scikit-learn、Keras 和 NLTK 等。其中，Scikit-learn 是基于 Python 的机器学习工具，提供了简单高效的数据挖掘和数据分析功能；Keras 是一个基于 Python 的深度学习库，提供了用 Python 编写的高级神经网络应用程序编程接口；NLTK 是 Python 自然语言工具包，用于完成标记化、词形还原、词干化、解析、词性标注等任务。此外，深度学习框架 TensorFlow、Caffe 等的主体都是用 Python 实现的，提供的原生接口也是面向 Python 的。

（4）数据分析。Python 被广泛应用于数据科学领域。在数据采集环节，在 Python 第三方库 Scrapy 的支持下，可以编写网络爬虫程序采集网页数据。在数据清洗环节，第三方库 Pandas 提供了功能强大的类库，可以对数据进行清洗、排序，最后得到清晰的数据。在数据处理分析环节，第三方库 NumPy 和 SciPy 提供了丰富的科学计算和数据分析功能，包括统计、优化、整合、线性代数模块、傅里叶变换、信号和图像图例、常微分方程求解、矩阵解析和概率分布等。在数据可视化环节，第三方库 Matplotlib 提供了丰富的数据可视化图表。

（5）自动化运维。随着技术的进步和业务需求的快速增长，一个运维人员通常要管理成百上千台服务器，运维工作也变得重复和繁杂。Python 作为运维工程师首选的编程语言，通过自动化运维，能够将运维人员从复杂的服务器的管理工作中解放出来，使运维工作变得简单、快速和准确。在很多操作系统中，Python 是标准的系统组件。大多数 Linux 发行版和 macOS 都集成了 Python，可以在终端下直接运行 Python。Python 标准库包含了多个调用操作系统功能的库。通过第三方软件包 Pywin32，Python 能够访问 Windows 的 COM 服务及其他 Windows API。使用 IronPython，Python 程序能够直接调用 .NET Framework。一般说来，Python 编写的系统管理脚本在可读性、代码可重用性和扩展性等方面都优于普通的 Shell 脚本。

（6）Python 在科学计算、游戏开发、多媒体应用、图像处理、工业设计和密码学等领域都得到了广泛应用。

## 1.2 编译的概念和分类

### 1.2.1 编译器的概念

计算机语言分为高级语言、汇编语言和机器语言。高级语言便于人们编写、阅读交流和维护；汇编语言是一种直接与硬件关联、能够提供对硬件直接控制力的低级语言；机器语言是计算机能直接解读、运行的语言。编译器是将汇编语言或高级语言源程序作为输入，翻译成目标语言、机器代码的等价程序。简单来讲，编译器就是将"一种语言（通常为高级语言）"翻译为"另一种语言（通常为低级语言）"的程序。

### 1.2.2 计算机语言的编译分类

计算机语言根据编译方式不同，又分为编译型语言和解释型语言。

编译型语言的特征是先将源代码编译成机器语言，再由机器运行机器码，也就是二进制代码。这个过程是在程序运行之前进行，而程序正式运行时，就不需要再次编译，直接使用已经编译好的结果即可。因此编译型语言的代码执行效率非常高，但是其编写效率以及跨平台性能较差。常见的编译型语言有 C、C++、Delphi 等。

解释型语言不需要在程序运行前进行集中编译，而是在程序运行过程中，由专门的解释器负责每个语句的解释并执行代码。因此解释型编程语言代码在执行过程中，每执行一次就需要编译一次，相对编译型语言来说，其效率比较低。解释型语言就是用效率换取开发速度，从而实现相同的功能，解释型语言的代码量和编码速度要优于编译型语言。

## 1.3 Python 解释器

### 1.3.1 Python 解释器概述

Python 是一门解释型编程语言，在编程过程中生成的 .py 文件需要解释器才能正常执行。目前基于不同的平台，Python 的解释器出现了多种不同的版本，分别使用相应平台的编程语言开发的解释器。目前常见的 Python 解释器包括 CPython、Jython、IPython、PyPy 和 IronPython 五个版本。

CPython 是使用 C 语言开发的 Python 解释器，也是标准的 Python 解释器，目前使用最为广泛。

### 1.3.2 Python 解释器的安装

登录 Python 官方网站，编者以 Windows 系统为例演示 Python 解释器的下载与安装，选择 Downloads，如图 1.1 所示。单击 Windows 跳转到 Python 下载页面，如图 1.2 所示，该下载页面中包含多个版本的安装包，可根据自身需求下载相应的版本。这里以下载 Python 3.9.13 64 位的离线安装包为例来演示 Python 解释器的安装方法，如图 1.3 和图 1.4 所示。

图 1.1 Python 官网界面

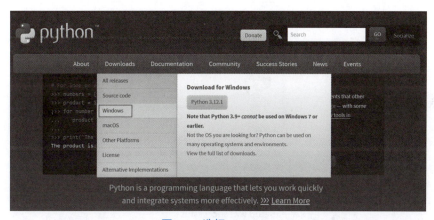

图 1.2 选择 Windows

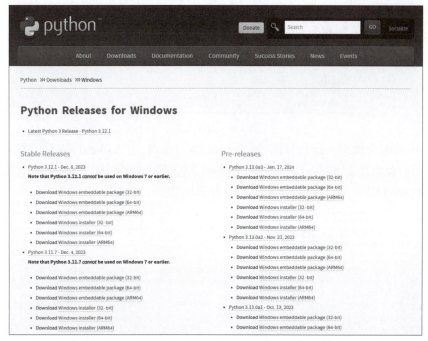

图 1.3 多个版本的安装包（以上只显示其中一部分）

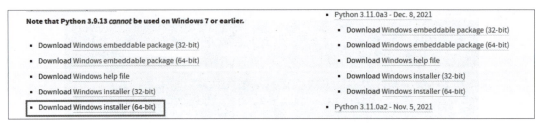

图 1.4 选择 Python 3.9.13 64 位离线安装包

下载完成后双击 Python 安装包进行安装,并保持默认配置,选择 Python 的安装路径后,单击 Install Now 按钮开始安装,如图 1.5 所示。安装成功后显示 Setup was successful,如图 1.6 所示。

图 1.5 开始安装

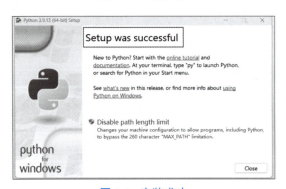

图 1.6 安装成功

按 Win+R 组合键进入运行界面,输入 cmd,按回车键,进入 Windows 命令提示符窗口。在命令提示符窗口输入 python 可以进入 Python 3.9.13 的命令行模式,如果出现如图 1.7 所示安装的 Python 版本,就说明 Python 3.9.13 安装成功。

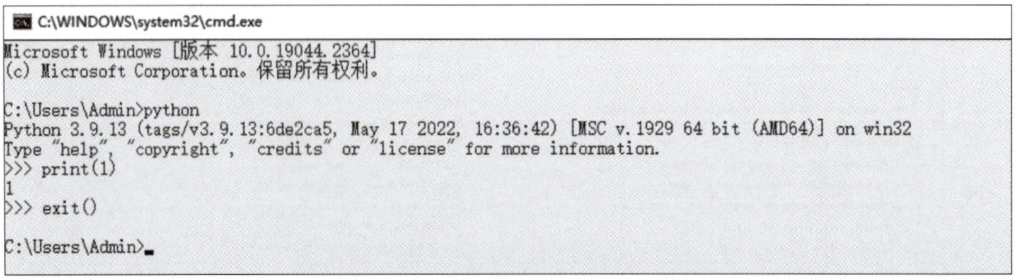

图 1.7 测试是否安装成功

在 Windows 系统中打开 Python 开发环境 IDLE（Python 3.9 64-bit），如图 1.8 所示。演示输出"hello world"，初步了解程序的运行方式，如图 1.9 和图 1.10 所示。

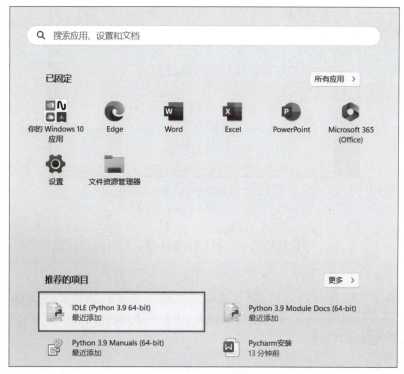

图 1.8　在 Windows 系统中打开 Python 开发环境 IDLE

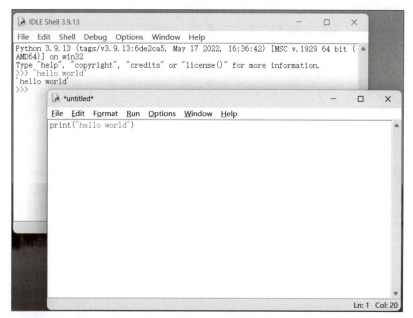

图 1.9　输出"hello world"

图 1.10　运行程序"hello world"

## 1.4　两种运行 Python 程序的方式

Python 程序有两种运行方式:交互式和文件式。交互式是指 Python 解释器逐行接收 Python 代码并即时响应;文件式也称批量式,指先将 Python 代码保存在文件中,再启动 Python 解释器批量解释代码。

### 1.4.1　交互式

打开 Python 开发环境,进入 IDLE 界面,如图 1.11 所示。

图 1.11　进入 IDLE 界面

下面以实践示例"天天向上的力量"为例演示交互式运行方式。Python 解释器逐行接收 Python 代码并即时响应。假设每天的变化量是 0.005,如图 1.12 所示。

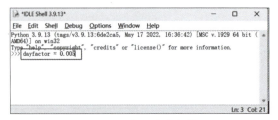

图 1.12　每天的变化量

如果每天进步 0.005,那么一年 365 天的累计进步如图 1.13 所示。

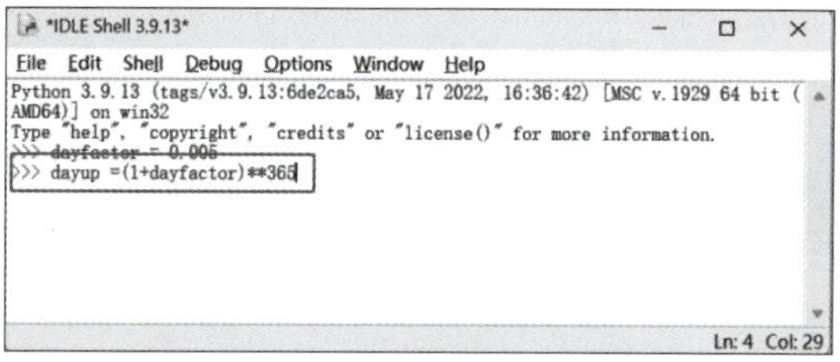

图 1.13　365 天的累计进步

如果每天退步 0.005，那么一年 365 天的累计退步如图 1.14 所示。

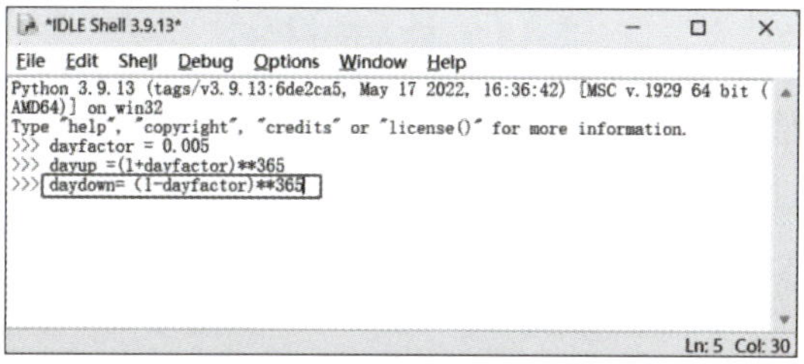

图 1.14　365 天的累计退步

通过 print 函数输出结果，如图 1.15 所示。

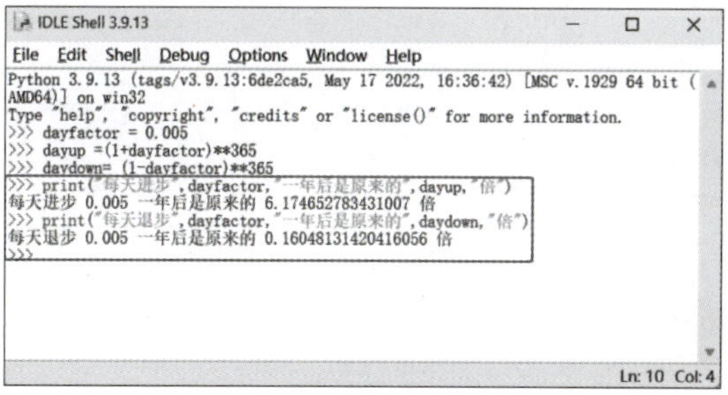

图 1.15　函数输出结果

## 1.4.2　文件式

如图 1.16 所示，选择 File 菜单中的 New File 下拉选项，新建文件，在其中写入刚才逐行输入的代码，如图 1.17 所示。

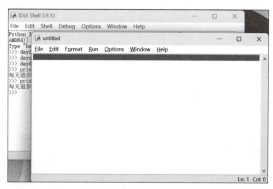

图 1.16　新建文件

图 1.17 输入开源代码

如图 1.18 所示,完成代码输入后保存该文件,文件名为 demo1,然后运行输出结果,单击 Run 菜单下方的 Run Module 选项,如图 1.19 所示。

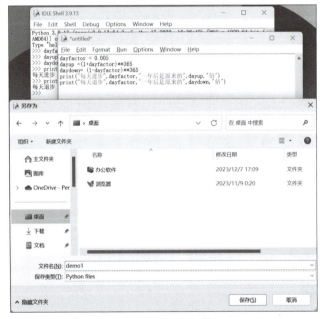

图 1.18 保存文件

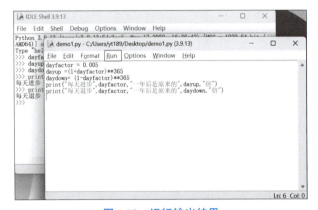

图 1.19 运行输出结果

通过刚才的运行结果，看到了天天向上的力量和坚持不懈的价值，如图 1.20 所示。

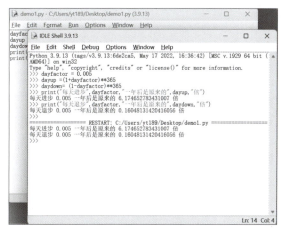

图 1.20　天天向上的力量

## 1.5　了解和安装 PyCharm

### 1.5.1　PyCharm 概述

PyCharm 是 JetBrains 公司开发的一款 Python 集成开发环境，由于其具有智能代码编辑器、智能提示和自动导入等功能，目前已经成为 Python 专业开发人员和初学者广泛使用的 Python 开发工具。

### 1.5.2　PyCharm 安装

访问 JetBrains 官网，下载 PyCharm 工具，如图 1.21 所示。

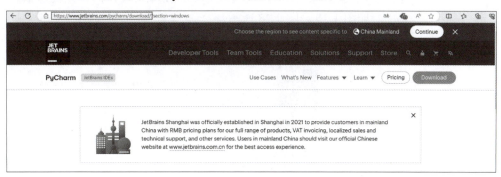

图 1.21　JetBrains 官网

PyCharm 分为 Professional（专业版）和 Community Edition（社区版）两个版本，分别如图 1.22 和图 1.23 所示。

单击相应版本下的 Download 按钮，下载 PyCharm 安装包，这里下载 Community Edition 版本。

图 1.22　PyCharmProfessional(专业版)

图 1.23　PyCharm Community Edition(社区版)

下载成功后双击 PyCharm 安装包，弹出欢迎界面，单击"下一步"进入 PyCharm 选择安装路径的界面，如图 1.24 所示。确定安装路径，单击"下一步"，根据需求勾选安装选项。再单击"下一步"，保持默认配置，然后单击"安装"，PyCharm 安装完成后弹出提示信息，最后单击"完成"关闭页面，如图 1.25～图 1.28 所示。

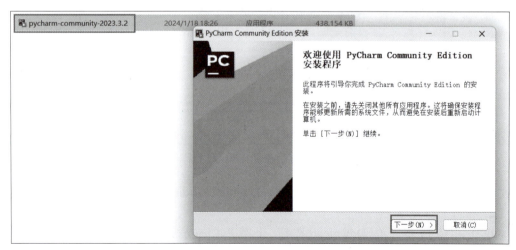

图 1.24　PyCharm 安装界面

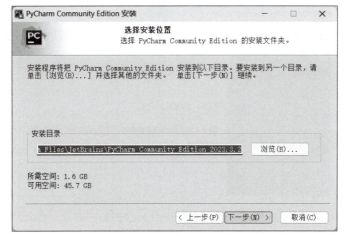

图 1.25　选择安装路径

图 1.26　勾选安装选项

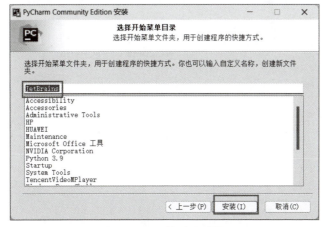

图 1.27　保持默认配置

图 1.28 安装完成界面

安装完成后,双击 PyCharm 快捷图标打开 PyCharm 进入导入配置文件的界面。这里选择 Do not import settings 选项,单击 OK 按钮,如图 1.29 所示。

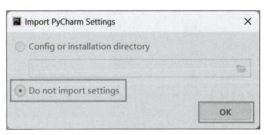

图 1.29 导入配置文件界面

进入 IDLE 运行环境后,单击 New Project 按钮创建一个 Python 项目如图 1.30 和图 1.31 所示。单击 Create 按钮即可完成一个新项目的创建。

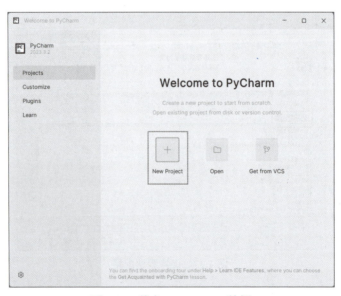

图 1.30 单击 New Project 按钮

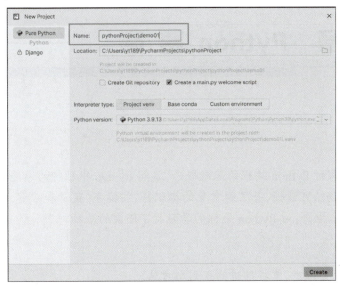

图 1.31　创建一个 Python 项目

# 习　　题

1. 下列选项中不是 Python 语言特点的是(　　)。
   A. 简洁　　　　　　　　　　　　B. 开源
   C. 面向过程　　　　　　　　　　D. 可移植
2. 什么是编译型语言？什么是解释型语言？两者有什么区别？
3. 请简述交互式和文件式的特点。
4. 在 Python 官网上下载 Python 3.7 以上版本文件并正确安装,在交互式解释器中输入一些命令,体会其运行效果。
5. 进入 JetBrains 官方下载页面,下载 PyCharm 社区版(Community)并正确安装,新建项目后再新建一个 Python 文件,体会其运行效果。
6. 双击安装的 IDLE 启动 Python 运行环境,Python 3.x 环境中通过交互方式运行下列 Python 命令,观察运行结果。
   (1) print("Hello, 欢迎来到 Python 的世界！ ")
   (2) name = input(" 请输入你的姓名:")
   (3) hometown = input(" 请输入你的家乡:")
   (4) print(" 大家好！我是来自 {} 的 {}。".format(college,name))
7. 同样在 IDLE 运行环境下,新建文件 choname.py,文件内容如下:

```
name = input("请输入你的姓名：")
age = input("请输入你的年龄：")
Print("{} 岁的 {} 同学, 人生苦短, 学好 Python！ ".format(age,name))
```

# 第 2 章　Python 基础

## 本章导语

本章将深入探讨 Python 编程的基础概念,了解 Python 中独特的缩进风格,学习如何使用注释来提高代码的可读性,并了解常见的标识符、关键字、变量和常量,以及一些运算符。通过掌握这些基本概念,为 Python 编程的学习打下坚实的基础。

## 学习目标

(1)了解什么是缩进,掌握缩进的规则与方法。
(2)了解注释的作用,掌握注释的分类及设置方法。
(3)了解标识符和关键字的概念和作用,熟悉标识符的命名规则。
(4)了解变量的概念,掌握变量的定义和赋值。
(5)熟悉常用的运算符类型。

## 2.1　缩　　进

### 2.1.1　代码缩进

在编程中,缩进是在代码的某些行前添加空白字符(如空格或制表符)以形成层次结构。这种格式化手段不仅使代码易于阅读,还能清晰地展示程序的层次结构。

缩进示例如下:

```
if bmi < 18.5:
    print(f"BMI 指数为 {bmi}")
    print(" 体重偏瘦 ")
```

在这个示例中,print(f"BMI 指数为 {bmi}") 和 print(" 体重偏瘦 ") 隶属于同一个条件判断的代码块,由相同的缩进级别标识。

在 Python 语言中,缩进是语法的一部分,用于定义代码块的开始和结束;而在 JavaScript 等其他编程语言中,虽然缩进不是语法要求,但它仍被广泛用于标识代码块,以提高代码的可读性。

缩进的变化直接影响程序的逻辑流程。错误的缩进可能会导致代码块意外结束或开始,从而改变程序的行为。

### 2.1.2 缩进规则与方法

缩进表示代码块的开始和结束。例如,一个函数体、一个循环体或一个条件语句都需要使用缩进来表示它们之间的包含关系。

在 Python 中,代码缩进是通过使用空格或制表符(Tab 键)来实现的。例如,在 Python 中,编写类定义、函数定义、流程控制语句和异常处理语句时,都会在行尾使用冒号(:)标识,随后的新行需要进行缩进,表示一个新的代码块的开始。以下是一些关于 Python 代码缩进的基本规则。

(1)缩进的长度通常为 4 个字符。也可以使用其他数量的空格,但 4 个字符是最常见的做法。

(2)缩进只能在代码块开始位置更改。在一个代码块内部,不能更改缩进的长度。

(3)Python 解释器会自动调整代码的缩进,以符合语法规则。但是,这并不意味着可以忽略缩进,因为错误的缩进会导致语法错误或逻辑错误。

总之,代码缩进是 Python 语法的重要组成部分。缩进的一致性非常重要。在同一个代码块中,所有代码行的缩进应该相同,这是 Python 语法的强制要求。否则,Python 解释器会抛出错误。可以使用制表符(Tab 键)来代替空格进行缩进,但是通常不推荐这样做,因为不同的编辑器对制表符的解释可能会有所不同。正确的缩进可以使代码更加清晰易读,同时也可以避免语法错误。

## 2.2 代 码 注 释

在 Python 中,注释是用来对代码进行解释说明的文字,它不会被 Python 解释器执行。注释对于提高代码的可读性和可维护性非常重要,因为它们能够帮助程序员和其他阅读代码的人更好地理解代码的意图和功能。

Python 中的注释主要有单行注释和多行注释两种形式。

### 2.2.1 单行注释

单行注释使用符号 # 开始。从 # 符号到该行结束的所有内容都被视为注释,Python 解释器会忽略这部分内容。

示例代码如下:

```python
# 这是一个单行注释
print("Hello, World!")     # 这里也是注释,用来解释 print 函数的作用
```

### 2.2.2 多行注释

Python 没有专门的多行注释语法,通常使用三个双引号(""")或三个单引号(''')包围多行字符串,并将其用作多行注释。

虽然它们实际上是字符串,但如果不赋值给任何变量,就不会产生任何效果,因此常常被用作多行注释。

示例代码如下:

```
"""
这是一个多行注释的示例
你可以在这里写下多行文字来解释代码的功能和逻辑
这些文字不会被 Python 解释器执行
"""
print("这个 print 语句会被执行")
```

**注意**:虽然使用三引号字符串作为多行注释在 Python 中是一种常见的做法,但这并不是 Python 官方推荐的多行注释方法。官方建议使用单行注释来注解代码,因为多行注释可能会引起复杂性或误解。如果需要为代码块提供说明,可以考虑使用 docstring 规范,这是一种特殊类型的多行字符串,通常放在函数、类或模块的开头,用于解释它们的用法和目的。

示例代码如下:

```
def greet(name):
    """
    向给定的名字打招呼
    # 参数:
    name (str): 要打招呼的名字
    # 返回:
    None
    """
    print(f"Hello, {name}!")
```

在这个示例中,greet 函数的文档字符串描述了函数的功能、参数和返回值,这对于理解函数的用法非常有帮助。虽然文档字符串本质上也是字符串,但它们通常被工具(如 IDE 或文档生成器)特殊处理,以生成 API 文档或其他形式的文档输出。

## 2.3 标识符概述

### 2.3.1 标识符

在 Python 中,标识符用来区分每个对象的对象名称。标识符由用户定义,主要用来给变量(Varible)、函数(Function)、类(Class)和模块(Module)等命名。每种编程语言都有自己标识符的命名规则,这些规则大同小异。

在 Python 3.x 中,可以用中文作为变量名,而非 ASCII 标识符也是允许的。

在 Python 中,以下画线开头的标识符有特殊含义:以单下画线开头的标识符(如 _foo)代表不能直接访问的类属性,需要通过类提供的接口进行访问,不能用 from ×××import * 的方式导入;以双下画线开头的标识符(如 __foo)代表类的私有成员;以双下画线开头和结尾的标识符代表 Python 中的特殊方法,如 _ _init_ _() 代表类的构造函数。因此,非特定场景需要,应避免使用以下画线开头的标识符。

Python 中标识符由字母(A~Z 和 a~z)、数字(0~9)以及下画线(_)组成。标识符的命名应遵守以下五个命名规则。

(1)标识符不允许以数字开头,第一个字符必须是字母(A~Z 和 a~z)或下画线(_)。所以 Hello、_max 是符合命名规则的;而 3name 以数字开头,不符合命名规则。

(2)标识符的其他部分由字母(A~Z 和 a~z)、数字(0~9)或下画线(_)组成。例如,apple10、apple_10、student 标识符均符合标识符命名规则。

(3)Python 的标识符中,不能包含空格、@、% 以及 $ 等特殊字符。例如,$ money、program@、Example%a 是错误的命名方式。

(4)Python 中的标识符是区分大小写的。例如,Test2 和 test2 因 T 字母大小写不同,视为不同的标识符。

(5)标识符的长度没有限制,但不宜过长,否则书写不方便,阅读也比较困难。

学习了标识符的命名规则后,在判断身体质量指数(BMI)的示例代码中,height、weight、bmi 就是定义的标识符,即变量的名称。

为了提高程序代码的可读性,标识符的名称要见名知意,可以用下画线分隔小写单词;模块名、包名应简短且全为小写,类名首字母一般使用大写,函数名小写,常量通常采用全大写命名。以双下画线开始和结束的名称通常具有特殊的含义,例如,_ _init_ _ 为类的构造函数,一般应避免使用。

总之,标识符是程序中某一元素的名字,定义标识符要遵循标识符的命名规则,就像人们要遵守各项法律法规一样,同学在学校学习生活要遵守学校的规章制度。

### 2.3.2 关键字

除了自定义标识符,有一部分标识符是 Python 自带的、具有特殊含义的名字,称为"关键字"或者"保留字",用于记录特殊值、标识程序结构。现实生活中一些具有特殊意义的名字,例如中国、地球、宇宙等都有自己固定的用法,不能用作常量、变量或任何其他标识符名称。如果 if、for 给变量或函数等元素命名,则程序会报错。

下面是使用 Python 关键字的正确示例和错误示例。

正确示例:

```
# 使用 def 关键字定义一个函数
def greet(name):
    print(f"Hello, {name}!")
    # 使用 if 关键字进行条件判断
    if name == "Alice":
        print("Welcome, Alice!")
```

错误示例:

```
# 尝试将关键字用作变量名(会导致语法错误)
for = 10              # 错误: 'for' 是一个关键字,不能用作变量名
```

```
# 尝试将关键字用作函数名（会导致语法错误）
def class():            # 错误：'class' 是一个关键字，不能用作函数名
    pass
```

在上面的错误示例中，尝试将 for 和 class 这两个关键字用作变量名和函数名，这会导致 Python 解释器抛出语法错误。因此，在编写 Python 代码时，需要避免使用这些关键字作为标识符，以确保代码的正确性和可读性。

Python 的标准库提供了一个 keyword 模块，可以输出当前版本的所有关键字。

调用 keyword 模块的代码如下：

```
import keyword
print(keyword.kwlist)
```

此外，本书还提供了 Python 关键字一览表，具体见表 2.1。

表 2.1  Python 关键字

| False | await | else | import | pass |
|---|---|---|---|---|
| None | break | except | in | raise |
| True | class | finally | is | return |
| and | continue | for | lambda | try |
| as | def | from | nonlocal | while |
| assert | del | global | not | with |
| asyne | elif | if | or | yield |

总的来说，Python 关键字是 Python 编程语言的核心组成部分，它们具有特殊的含义和用途，不能被用作变量名、函数名或其他标识符。了解并正确使用这些关键字是编写高质量 Python 代码的基础。

## 2.4  常量和变量

### 2.4.1  常量

常量是一种不能更改其值的变量类型，如数值常量 3.14、字符常量 "apple"。可以把常量想象成一个袋子，用来存放一些一旦放在袋子里就无法替换的书。

在 Python 中，常量通常是在模块中声明和赋值的。模块是一个包含变量、函数等的新文件，它们被导入主文件中。在模块内部，常量用大写字母书写，单词之间用下画线分隔。

常量赋值代码示例如下：

```
PI = 3.14
GRAVITY = 9.8
print(PI)
print(GRAVITY)
```

在上面的示例中,将常量赋给 PI 和 GRAVITY,然后打印常量值。实际上,在 Python 中用大写字母命名常量是由于将它们与变量分开的惯例,然而,这实际上并不能阻止重新赋值。

### 2.4.2 变量

在编写程序时,可以直接使用数据,也可以将数据保存到变量中,方便以后使用。变量可以看成一个小箱子,专门用来存储程序中的数据。

每个变量都拥有一个名字,通过变量名可以找到变量中的数据。变量名要符合标识符命名规则,同时选择有意义的单词作为变量,不可以使用关键字作为变量。

变量的赋值是指将数据放入变量的过程。Python 变量无须声明数据类型就可以直接赋值,对一个不存在的变量赋值就相当于创建了一个新变量,换句话说,变量使用之前必须先被赋值。变量的赋值通过"="来实现。格式为:变量名 = 值,代码示例如下:

```
name = '张三'                    # 创建值为'张三'的 name 变量
age = '20'                       # 创建值为'20'的 age 变量
class = '22 级计算机 1 班'        # 创建值为'22 级计算机 1 班'的 class 变量
classname = '22 级计算机 1 班'    # 创建值为'22 级计算机 1 班'的 classname 变量
```

执行上述代码,第 3 行定义 class 变量的代码报错,原因是 class 是关键字,不可以作为变量,因此修改变量的名称为 classname。

## 2.5 运 算 符

### 2.5.1 常用运算符

运算符是完成运算的一种符号体系,是告诉编译程序执行特定算术或逻辑操作的符号。而表达式是由除赋值运算符外的运算符和运算对象组成的式子,运算对象可以是常量或变量,也可以是函数等。

**1. 算数运算符**

算术运算符的功能如表 2.2 所示,常用的 Python 算术运算符和数学中的运算符是一样的,遵循"先乘除,后加减"的基本运算规则,这里要注意幂运算符用的是两个星号表示。

表 2.2　Python 中常用的算数运算符

| 算数运算符 | 描　　述 |
| --- | --- |
| $x+y$ | 加,$x$ 与 $y$ 之和 |
| $x-y$ | 减,$x$ 与 $y$ 之差 |
| $x*y$ | 乘,$x$ 与 $y$ 之积 |
| $x/y$ | 除,$x$ 除以 $y$ 的商,例如,10/3 结果是 3.333 333 333 333 333 |
| $x//y$ | 整数除,$x$ 除以 $y$ 的整数商,例如,10//3 结果是 3 |
| $+x$ | $x$ 本身 |

| 算数运算符 | 描述 |
|---|---|
| $-x$ | $x$ 的负值 |
| $x\%y$ | 余数,模运算,例如,10%3 结果是 1 |
| $x**y$ | 幂运算,$x$ 的 $y$ 次幂,记为 $x^y$ |

### 2. 赋值运算符

Python 支持单一赋值和复合赋值。单一赋值用等号表示,格式是 a=b,就是将右侧的数值 b 赋值给左侧的变量 a,b 可以是具体的数据,也可以是运算的表达式或者是另一个变量。

在 Python 中,经常会有利用变量的原有值计算出新值并重新赋值给这个变量的情况。例如,下面表达式就是把变量 a 的值加 1 后,再赋值给它自己。

```
a=a+1
```

复合赋值运算符允许缩短这个表达式以及类似的表达式。使用"+="运算符,可以将上面的表达式简写为:

```
a+=1            # 相当于 a=a+1
```

复合赋值运算符包括 +=、-=、*=、/=、%=、**= 和 //= 共 7 种。例如:

```
a+=b            # 相当于 a=a+b
a-=b            # 相当于 a=a- b
a*=b            # 相当于 a=a*b
a/=b            # 相当于 a=a/b
a%=b            # 相当于 a=a%b
a**=b           # 相当于 a=a**b
a//=b           # 相当于 a=a//b
```

### 3. 比较运算符

比较运算符主要用于比较两个操作数,以判断它们之间的关系。比较运算符常用于布尔测试,测试的结果只能是 True 或 False。Python 中常用的比较运算符见表 2.3。

表 2.3　Python 中常用的比较运算符

| 比较运算符 | 名称 | 描述 |
|---|---|---|
| == | 等于 | 判断运算符两侧操作数的值是否相等,如果相等,则结果为 True,否则为 False |
| != | 不等于 | 判断运算符两侧操作数的值是否不相等,如果不相等,则结果为 True,否则为 False |
| > | 大于 | 判断左侧操作数的值是否大于右侧操作数的值,如果是,则结果为 True,否则为 False |
| < | 小于 | 判断左侧操作数的值是否小于右侧操作数的值,如果是,则结果为 True,否则为 False |

续表

| 比较运算符 | 名　称 | 描　述 |
|---|---|---|
| >= | 大于等于 | 判断左侧操作数的值是否大于等于右侧操作数的值,如果是,则结果为True,否则为False |
| <= | 小于等于 | 判断左侧操作数的值是否小于等于右侧操作数的值,如果是,则结果为True,否则为False |

#### 4. 逻辑运算符

逻辑运算符是把条件按照逻辑进行连接,变成更复杂的条件。逻辑运算符有:or(或)、and(与)和not(非)三种形式。

1)逻辑或运算符

(1)评估左侧的表达式。

(2)如果左侧的表达式为真(如非零数值、非空对象等),则直接返回左侧的表达式结果,而不会评估右侧的表达式。

(3)如果左侧的表达式为假(如0、None、空字符串等),则评估并返回右侧的表达式结果。

例如:

- 2+3 or None,因为 2+3 的结果是 5,而 5 是一个真值,所以整个表达式的结果是 5;
- 0 or 3+5,由于 0 是一个假值,所以它会评估右侧的 3+5,结果为 8,因此整个表达式的结果是 8。

2)逻辑与运算符

(1)评估左侧的表达式。

(2)如果左侧的表达式为假(如0、None、空字符串等),则整个表达式的结果即为左侧表达式的值,而不会继续评估右侧的表达式。

(3)如果左侧的表达式为真(如非零数值、非空对象等),则继续评估右侧的表达式,并返回右侧表达式的结果。

例如:

- 4 and 5 会返回 5,因为 4 是真值,所以会评估并返回右侧的 5;
- 0 and 5 会返回 0,因为 0 是假值,所以不会评估 5,直接返回 0。

3)逻辑非运算符

(1)对操作数进行布尔值评估。

(2)如果操作数的布尔值为真(如非零数值、非空对象等),则 not 运算符返回 False。

(3)如果操作数的布尔值为假(如0、None、空字符串等),则 not 运算符返回 True。

例如:

- not True 会返回 False;
- not False 会返回 True;
- not 0 也会返回 True,因为 0 在布尔上下文中被视为假;
- not 1 会返回 False,因为 1 是真值。

Python 中常用的逻辑运算符见表 2.4。

表 2.4　Python 中常用的逻辑运算符

| 逻辑运算符 | 逻辑表达式 | 描　　述 |
| --- | --- | --- |
| or | x or y | 逻辑或（如果 x 是 True，返回 x 的计算值；否则返回 y 的计算值） |
| and | x and y | 逻辑与（如果 x 为 False，返回 x 的计算值；否则返回 y 的计算值） |
| not | not x | 逻辑非（如果 x 为 True，返回 False；如果 x 为 False，返回 True） |

#### 5. 成员运算符

成员运算符用于测试给定值是否在序列中。成员运算符包括 in 和 not in 两种类型。in 的运算规则：如果指定元素在序列中，则返回 True，否则返回 False；not in 反之。

例如，定义变量 words，赋值为字符串 "abcdefg"，测试字符串 g 是否在变量 words 中，结果为 True；测试字符串 h 是否不在变量 words 中，结果为 True。

### 2.5.2　运算符优先级

运算符的优先级决定了复杂表达式中的哪个单一表达式先执行，可使用圆括号"()"改变表达式的执行顺序。例如，(3+4)*5，先计算 3+4 结果为 7，再与 5 相乘，最后计算表达式结果为 35。

如果是同一级别的运算，先看结合性是右结合还是左结合。例如，3+5-4，运算符属于同一级别，按照顺序先计算 3+5=8，再减去 4。

赋值运算符的结合性为自右向左。例如，a=b=c，先将 c 赋值给 b，再将 b 的值赋值给 a。

Python 中运算符的优先级见表 2.5。

表 2.5　运算符的优先级

| 优 先 级 | 运 算 符 | 描　　述 |
| --- | --- | --- |
| 1 | () | 圆括号 |
| 2 | ** | 幂运算符 |
| 3 | ~, +, - | 按位取反，正号，负号 |
| 4 | *, /, %, // | 乘法，除法，模除，整除 |
| 5 | +, - | 加法，减法 |
| 6 | >>, << | 位移运算符 |
| 7 | & | 按位与 |
| 8 | ^, \| | 按位异或，按位或 |
| 9 | <, <=, >, >= | 比较运算符 |
| 10 | ==, != | 等于，不等于 |
| 11 | =, %=, /=, //=, -=, +=, *=, **= | 赋值运算符 |
| 12 | is, is not | 身份运算符 |
| 13 | in, not in | 成员运算符 |
| 14 | not, and, or | 逻辑运算符 |

## 习　　题

1. 可以接收用户的键盘输入的是(　　)。
   A. input 命令　　　　　　　　B. input 函数
   C. format 函数　　　　　　　D. int 函数
2. 下面不是合法的整数数字的是(　　)。
   A. 0x1e　　　　　　　　　　B. 1e2
   C. 0b1001　　　　　　　　　D. 0o29
3. Python 有哪几种基本数据类型？
4. Python 有几类运算符？分别介绍其作用。
5. 什么是增强型赋值运算符？
6. 根据圆半径计算圆面积，结果保留两位小数。其中，圆周率使用 3.14，注意：输入请使用 input，输出圆的面积数字。
7. 编写程序，输入一个包含若干正整数的列表，输出其中大于 8 的偶数组成的新列表。
8. 编写程序，输入两个包含若干正整数的等长列表 keys 和 values，然后以 keys 中的正整数为键、values 中对应位置上的正整数为值创建字典，最后输出创建的字典。
9. 编写程序，输入一个包含若干任意数据的列表，输出该列表中等价于 True 的元素组成的列表。例如，输入 [1,2,0,None,False, 'a']，输出 [1,2, 'a']。
10. 编写 Python 程序，输出下列数学表达式的值。
    （1）已知 $x=4$，$y=2.7$，计算 $(5x+14)*y$ 的值。
    （2）已知 $x=\pi/4$，$y=\pi/6$，计算 $\sin x$ 和 $\cos y$ 的值。
11. 输入学号、姓名、性别、联系电话，按指定格式输出每一项的值（学号为 12 位，数字姓名为 10 个字符，性别为 1 个字符，联系电话为 15 位数字）。
12. 利用字符串相关方法，把社会主义核心价值观"富强、民主、文明、和谐、自由、平等、公正、法治、爱国、敬业、诚信、友善"按每行 3 个词的形式显示到屏幕上。

# 第 3 章　基本数据类型

> 📖 **本章导语**
>
> 　　在 Python 中,数据类型是构建程序逻辑和处理数据的基础。本章将探索 Python 中两种基本的数据类型:数字类型和字符串类型。数字类型涵盖了整型、浮点型、布尔型和复数,而字符串类型则用于表示文本数据。深入了解这些类型的特性、操作和常见用法,并学习如何正确处理不同类型的数据。通过本章的学习,希望读者可以掌握处理数字和字符串数据的关键技能,为编写更复杂的程序打下坚实的基础。

> 📝 **学习目标**
>
> （1）掌握数字类型的表示方法和转换函数的应用。
> （2）掌握字符串的编码形式和字符串的表示形式。
> （3）熟悉索引和切片的概念,掌握字符串索引和字符串切片的表示形式。

## 3.1　数　据　类　型

　　数据类型是指在编程语言中定义的一种数据结构,它规定了数据的种类、取值范围和操作方式等。例如,在如下判断身体质量指数（BMI）的示例代码中:

```
height = float(input("输入身高 (m)："))        # 输入身高
weight = float(input("输入体重 (kg)："))       # 输入体重
bmi = weight / (height * height)
```

　　计算 BMI 的公式为:BMI= 体重 / 身高 $^2$。
　　其中,体重单位为 kg,身高单位为 m。如果要计算 BMI 的值,就需要把体重、身高这两项数据先存储起来,再对这两项数据进行计算。
　　在 Python 中,若要存储数据,就需要用到变量。height、weight、bmi 是定义的变量,变量 height 存储的是用户输入的身高,变量 weight 存储的是用户输入的体重,变量 bmi 存储的是根据 BMI 公式计算得到的身体质量指数。这三个变量的数据类型称作浮点型。

## 3.2　数　字　类　型

　　Python 3.x 支持四种不同的数字类型:int（整型）、float（浮点型）、bool（布尔型）和 complex（复数）。

### 3.2.1　int

int 是一种数据类型，用于表示整数集合。在计算机内存中，整型数据通常以二进制形式存储。整型的范围取决于具体的编程语言以及运行程序的计算机系统的架构。例如，在 32 位系统中，一个标准的 int 通常可以存储从 −2 147 483 648（−$2^{31}$）到 2 147 483 647（$2^{31}$−1）的整数。而在 64 位系统中，这个范围会更大。

整型数据在编程中广泛应用，主要用于计数、循环控制、数组索引以及存储不需要小数部分的数值。例如，当需要统计某个事件的发生次数时，可以使用整型数据来存储这个计数。在循环结构中，整型数据通常被用作循环计数器。此外，数组和列表的索引也通常使用整型数据。

整型数据的表示形式有以下几种。

（1）二进制：以 "0b" 作为前导符，b 可以大写也可以小写，用 1 和 0 两个数码表示整数。

（2）八进制：以 "0o" 作为前导符，o 可以大写也可以小写，用 0～7 八个数码表示整数。

（3）十进制：经常使用的类型，如 10、29、40 等。

（4）十六进制：以 "0x" 作为前导符，x 可以大写也可以小写，用 0～9 和 A～F 十六个数码表示整数。不同类型的数据可以相互转换。

### 3.2.2　bool

bool 是 int 的子类，用于表示逻辑上的真（True）或假（False）。它只有两个可能的值：True 和 False。True 和 False 是 Python 的关键字，在使用时，一定要注意首字母要大写，否则解释器会报错。

在许多编程语言中，布尔型数据常用于条件判断、循环控制等逻辑操作中。例如：

```
x = 5
y = 10
if x < y:
    print("x is less than y")   # 输出 "x is less than y"，因为 x 确实小于 y
```

在上面的例子中，if x < y: 是一个条件判断语句，它会检查 *x* < *y* 这个表达式的结果。由于 *x* 的值（5）确实小于 *y* 的值（10），因此这个表达式的结果是 True，然后执行 if 语句块中的代码。

布尔型数据也可以由其他数据类型转换而来。例如，在 Python 中，非零的数值和非空的字符串通常会被转换为 True，而零和空字符串则会被转换为 False。

```
z = 0
if z:
    print("z is True")
else:
    print("z is False")   # 这将输出 "z is False"，因为 z 的值为 0，相当于 False
```

> **注意**：不同的编程语言可能对布尔型数据的转换和处理方式有不同的规定，因此在实际编程时，最好查阅相应编程语言的文档以获取准确的信息。

### 3.2.3　float

float 也称为浮点数，由整数和小数组成。Python 中实型常量（也就是浮点数）通常使用十进制形式表示，表示方式有以下两种。

（1）十进制形式表示，如 0.0013、-1482.5。

（2）用指数形式表示，通常用来表示一些比较大或者比较小的数值，格式为：实数部分＋字母 E 或 e＋正负号＋整数部分。其中，字母 E 或 e 表示十次方，正负号表示指数部分的符号，整数为幂的大小。字母 E 或 e 之前必须有数字，之后的数字必须为整数。例如，0.0013 可表示为 1.3e-3；-1482.5 可表示为 -1.4825e3。

### 3.2.4　complex

复数由实数部分和虚数部分组成，一般形式为 $x+yj$，其中 $x$ 是复数的实数部分，$y$ 是复数的虚数部分，这里的 $x$ 和 $y$ 都是实数，如 2+14j、2+12.1j。

## 3.3　字符串类型

Python 中没有字符类型，单个字符也是作为字符串使用的。字符串其实很简单，就像我们说的每一句话，单词或句子都可以称为字符串。它是存放字符的容器，用来表示文本的数据类型，是由符号或者数值组成的一个连续序列。Python 中的字符串不支持动态修改，属于不可变序列。无论是汉字还是英文字母都作一个字符。

### 3.3.1　字符串的编码形式

ASCII 码是最早的编码形式，是美国标准信息交换码，包含 0～9 的 10 个数字字符、26 个大写字母、26 个小写字母及一些其他符号。每个字符占 1 字节内存，最多能表示 256 个符号。

UTF-8 对所有国家和地区需要用的字符进行了编码，其中字母占 1 字节内存，汉字用 3 字节表示。

GB2312 和 GBK 都是中文编码，字母用 1 字节表示，汉字用 2 字节表示。

### 3.3.2　字符串的表现形式

根据字符串中是否包含换行符，可以将字符串划分为单行字符串和多行字符串，它们定义的方式不同。Python 中字符串有单引号、双引号和三引号三种常用的表现形式，作为定界符表示字符串，见表 3.1。

表 3.1　字符串表现形式

| 表现形式 | 描述 |
|---|---|
| 'Python' | 单引号 |
| "Python" | 双引号 |
| '''Python''' 或 """Python""" | 三引号 |

其中,单引号和双引号通常用于定义单行字符串,三引号通常用于定义多行字符串。表示字符串时,单引号与双引号可以嵌套使用。

**注意**:使用双引号表示的字符串中允许嵌套单引号,但不允许包含双引号;同样,使用单引号表示的字符串中不允许包含单引号。因为解释器会将字符串出现的符号与标识字符串的第一个符号配对,认为字符串到此结束。

下面给出三种字符串中含有引号或转义字符时的处理方法。

```
# 方法1：双引包单引
s1 = "Let's go"
# 方法2：在特殊字符前插入转义字符 (\)
s2 = 'let\'s go'
# 方法3：使用 r 或者 R，将字符串中的所有字符按字面意思使用
s3 = r"c:\user\name"
s4 = R"c:\user\name"
```

### 3.3.3　多行字符串的输出

**【例 3.1】** 输出字符串:筑牢民族共同体意识！促进各民族团结！

```
# 方法1： 使用三引号
s3 = '''筑牢民族共同体意识！
促进各民族团结！'''
# 方法2： 使用转义字符
s3 = '筑牢民族共同体意识！\n促进各民族团结！'
# 或者是
s3 = "筑牢民族共同体意识！\n促进各民族团结！"
```

## 3.4　字符串的相关操作

### 3.4.1　字符串索引与切片

**1. 字符串的索引**

字符串是一个由元素组成的序列,而每个元素所处的位置都是固定的,并且对应着一个位置编号。编号是从 0 开始,依次递增 1,这个位置编号被称为索引或者下标。

索引有两种表示形式:正向递增序号和反向递减序号。正向从 0 开始,依次递增;反向从 -1 开始,依次递减,如表 3.2 所示。

表 3.2 索引的表示形式

| 字　符 | p | y | t | h | o | n |
|---|---|---|---|---|---|---|
| 索引(正) | 0 | 1 | 2 | 3 | 4 | 5 |
| 索引(反) | -6 | -5 | -4 | -3 | -2 | -1 |

### 2. 字符串的切片

切片是截取字符串目标对象中一部分的操作,语法格式为:[ 起始 : 结束 : 步长 ]。步长是切片间隔以及切片方向,默认值是 1。

**注意:**

(1)切片选取的区间属于左闭右开型,切下的子串包含起始位,但不包含结束位;

(2)步长为正值时,开始索引默认为 0,结束索引默认为 len(),开始索引从左往右;

(3)步长为负值时,开始索引默认为 -1,结束索引默认为开始,不能认为 0,也不能认为 -1,开始索引从右往左。

字符串切片示例代码如下:

```python
s = '123456789'
# 1.s[::1] 的值
s1 = s[::1]
print("切片时,起始和结束缺省,步长为1:", s1)
# 123456789
# 2.s[:-1] 的值
s2 = s[::-1]
print("切片时,起始和结束缺省,步长为 -1:", s2)
#987654321
s = '123456789'
# 3.s[-1:1] 的值 -- 结果为空
s3 = s[-1:1]
print("切片时,起始 -1,结束 1,步长缺省 :", s3)
# 4.s[-1:1:-1] 的值
s4 = s[-1:1:-1]
print("切片时,起始 -1,结束 1,步长 -1:", s4)
#9876543
```

【例 3.2】 输入一个字符串判断其是否回文。

```python
# 1.输入一个字符串
s1 = input("请输入一个字符串,判断其是否为回文:")
# 2.对字符串切片,使其翻转
s2 = s1[::-1]
# 3.判断原字符串和翻转字符串是否相同
if s1 == s2:
    print("%s 是回文!")
else:
    print("%s 不是回文!")
```

### 3.4.2 字符串输出

在 Python 中,除了使用 print() 方法进行输出以外,还可通过占位符、format 方法和 f-strings 三种方式实现格式化输出。本书只介绍前两种方法。

**1. 占位符输出**

要实现字符串的拼接,使用占位符是一种高效、常用的方式。顾名思义,占位符作用就是替后面的变量占住这个位置。例如,%s、%d 是占位符,Python 中其他常见的格式化符号如表 3.3 所示。

表 3.3 常见的格式化符号

| 符号 | 说明 |
| --- | --- |
| %c | 字符及其 ASCII 码 |
| %s | 字符串 |
| %d | 十进制整数 |
| %o | 八进制整数 |
| %x | 十六进制整数(a～f 为小写) |
| %X | 十六进制整数(A～F 为大写) |
| %e | 指数(底写为 e) |
| %f | 浮点数 |

Python 将一个带有格式化符号的字符串作为模板,使用该格式化符号为真实值预留位置,并说明真实值应该呈现的格式。例如:

```
name = "王磊"
print("你好,我叫%s" % name)
# 你好,我叫王磊。
```

输出时,在一个字符串中也可以同时包含多个占位符,将多个值传递给模板。例如:

```
name = "王磊"
age = 18
print("你好,我叫%s,今年%d 岁。" % (name, age))
# 输出结果是:你好!我叫王磊,今年18 岁。
```

使用占位符时需要注意变量的类型,若变量类型与占位符不匹配,则程序会产生异常。例如,将年龄变量赋值为字符串,如果选择占位符时用了整型数据的格式,那么就会报错。

```
name = "张力"
# 变量 name 是字符串类型
age = "18"
# 变量 age 是字符串类型
print("你好,我叫%s,今年我%d 岁了。" % (name, age))
```

上述代码运行结果如下:

```
TypeError: %d format: a number is required, not str
```

另外,还有一些操作符辅助指令,可以强化数据的输出格式,常见的操作符辅助指令如表 3.4 所示。

表 3.4  常见的操作符辅助指令

| 操作符辅助指令 | 功　能 |
| --- | --- |
| * | 定义宽度或者小数点精度 |
| - | 表示左对齐 |
| + | 在正数前面显示加号(+) |
| <sp> | 在正数前面显示空格 |
| # | 在八进制数前面显示 00,在十六进制前面显示 0x 或者 0X |
| 0 | 显示的数字前面填充 0,而不是空格 |
| % | %% 表示输出一个单一的 % |
| (var) | 映射变量(字典参数) |
| m.n | m 是显示的最小总宽度,n 是小数点后的位数(如果可用) |

**2. format 方法**

format 方法也可以将字符串进行格式化输出,使用该方法无需再关注变量的类型,字符串格式化语法更加规范。

format 方法的基本使用格式如下:

```
<模板字符串>.format(<参数列表>)
```

例如:

```
print('{}是人类进步的阶梯!'.format('书籍'))
```

模板字符串由 '' 和 {} 组成,{} 的作用和 % 相同,用来控制修改字符串中插入值的位置。如果模板字符串中有多个 {},并且 {} 内没有指定任何序号(从 0 开始编号),则默认按照 {} 出现的顺序分别用参数进行替换。如果模板字符串中的 {} 明确使用了参数的序号,则需要按照序号对应的参数进行替换。

当使用 Python 中的 format 方法时,可以通过格式控制标记来控制参数在字符串中的显示格式。这些格式控制标记包括以下几个字段,都是可选的,并且可以组合使用。

- 填充:指定宽度内除了参数外的字符采用的表示方式,默认采用空格;
- 对齐:指定参数在宽度内输出时的对齐方式,可以是左对齐、右对齐或居中,默认为左对齐;
- 宽度:指定当前槽的设定输出字符的宽度。如果该槽对应的 format() 参数长度比宽度设定值大,则使用参数实际长度;如果参数长度比宽度设定值小,则默认以空格字符补充位数。

format 方法的示例如下:

```
'{0:30}end'.format('HELLO')        #HELLO                        end(默认左对齐)
```

```
'{:>30}'.format('HELLO')        #HELLO（右对齐）
'{0:*^30}'.format('HELLO')      #**********HELLO**********（居中且使用星号填充）
'{:.2f}'.format(123.4567)       #123.46
'{:.3}'.format('HELLO')         #HEL
```

### 3.4.3 字符串输入

Python 3.x 提供的 input() 函数可以从标准输入读取一行文本，默认的标准输入是键盘。该函数返回字符串类型，也就是说，无论 input() 函数获取的数据是否为字符串类型，最终都会转换成字符串进行比较。

字符串输入示例如下：

```
Name = input("请输入你的名字: ")
College = input("请输入你的学校: ")
print("学校: %s" %Name)
print("姓名: %s" %College)
```

### 3.4.4 字符串操作符

字符串是编程中常用的数据类型之一，用于表示文本信息。在处理字符串时，经常需要使用各种操作符来执行连接、比较和提取等操作。本小节将深入探讨字符串操作符的概念、用法以及在实际编程中的应用。字符串操作符是用于操作字符串的一系列符号或函数，用于对字符串进行连接、比较和提取子串等操作，从而实现字符串的灵活处理。

**1. 字符串连接操作符**

字符串连接操作符(+)用于将两个或多个字符串拼接在一起。例如：

```
str1 = "Hello"
str2 = "World"
result = str1 + " " + str2      # 使用加号连接字符串，并在中间添加空格
print(result)                    # 输出: Hello World
```

**2. 字符串比较操作符**

字符串比较操作符用于比较两个字符串是否相等、不相等、大于或小于。这些操作符通常包括等于(==)、不等于(!=)、大于(>)、小于(<)、大于等于(>=)和小于等于(<=)。例如：

```
str3 = "apple"
str4 = "banana"
if str3 == str4:
    print("字符串相等")
else:
    print("字符串不相等")        # 输出: 字符串不相等
if str3 < str4:
    print("str3 小于 str4")     # 输出: str3 小于 str4
```

> **注意**：字符串的比较是基于字典顺序的,即按照字符的 ASCII 码值进行比较。

#### 3. 字符串提取操作符

字符串提取操作符用于从字符串中提取子串或字符。常见的提取操作符包括索引操作符和切片操作符。

索引操作符使用方括号([])和索引值来访问字符串中的特定字符。例如：

```
str5 = "abcdefg"
char = str5[2]      # 提取索引为2的字符,即 'c'
print(char)         # 输出: c
```

切片操作符使用冒号(:)和切片范围来提取字符串的子串。例如：

```
str5 = "abcdefg"
substring = str5[1:4]    # 提取索引1到3（不包括4）的子串,即 'bcd'
print(substring)         # 输出: bcd
```

切片操作符还可以指定步长,以实现更复杂的子串提取操作。

#### 4. 实际应用案例

字符串操作符在实际编程中有着广泛的应用。无论是处理用户输入、生成动态文本还是进行文本分析,都需要使用字符串操作符来操作和处理字符串数据。下面是一个简单的示例,展示如何使用字符串操作符来拼接和格式化字符串。

```
name = "Alice"
age = 25
greeting = "Hello, my name is " + name + " and I am " + str(age) + " years old."
print(greeting)      # 输出: Hello, my name is Alice and I am 25 years old.
```

在上面这个示例中,使用了加号(+)作为字符串连接操作符来拼接多个字符串,并使用 str() 函数将整数转换为字符串类型,以便进行连接操作。

### 3.4.5 字符串内置函数

Python 为开发者提供了很多内置函数,使用这些函数可以便捷地对字符串执行一些常见的操作,例如计算字符串的长度、返回单字符 Unicode 编码等,极大地提高了程序的执行效率。常见字符串内置函数如表 3.5 所示。

表 3.5 常见字符串内置函数

| 函数 | 描述 |
| --- | --- |
| len(x) | 返回字符串 x 的长度,或返回其他组合数据类型的元素个数 |
| str(x) | 返回任何类型所对应的字符串形式 |
| chr(x) | 返回 Unicode 编码 x 对应的单字符 |
| ord(x) | 返回单字符表示的 Unicode 编码 |
| hex(x) 或 oct(x) | 返回整数 x 的十六进制或八进制小写形式字符串 |

**【例 3.3】** 从键盘输入一个字符串,输出其字符个数。

```
str = input("请输入一个字符串:")    # 请输入一个字符串:国家
len(str)                            # 字符个数为 2
```

**【例 3.4】** 定义变量 *a*,赋值任意一个类型的数据,输出其字符形式。

```
a = 3.14
str(a)        # 3.14
```

**【例 3.5】** 返回 Unicode 编码 97 对应的单字符。

Unicode 编码方式是国际组织制定的、可以容纳世界上所有文字和符号的字符编码方案,它为每种语言中的每个字符设定了统一且唯一的二进制编码。

```
chr(97)       # 'a'
```

**【例 3.6】** 返回单字符 a 的 Unicode 编码。

```
ord('a')             # a 的 Unicode 编码是 97
```

**【例 3.7】** 整数 *x* 的十六进制或八进制小写形式字符串。

```
hex(25)       # '0x19'
oct(25)       # '0o31'
```

### 3.4.6 字符串处理方法

Python 中字符串的处理方法分为:大小写转换、字符串填充、搜索子串、判断字符串中的前缀/后缀方法、替换字符串和分割字符串等。下面分别介绍字符串的各种处理方法。

字符串常用的内置处理方法如表 3.6 所示。

表 3.6 常用内置处理方法

| 方 法 | 描 述 |
| --- | --- |
| str.lower() | 返回字符串 str 的副本,全部字符小写 |
| str.upper() | 返回字符串 str 的副本,全部字符大写 |
| str.islower() | 当 str 所有字符都是小写时,返回 True,否则 False |
| str.isprintable() | 当 str 所有字符都是可打印的时,返回 True,否则 False |
| str.isnumeric() | 当 str 所有字符都是数字字符时,返回 True,否则 False |
| str.isspace() | 当 str 所有字符都是空格时,返回 True,否则 False |
| str.endswith(suffix[,start[,end]]) | 判断字符串 str 是否以指定后缀 suffix 结尾,如果以指定后缀结尾,则返回 True,否则返回 False。可选参数 start 与 end 为检索字符串的开始与结束位置 |
| str.startswith(prefix[,start[,end]]) | 判断字符串 str 是否以指定的 prefix 开头,如果以指定的 prefix 开头,则返回 True,否则返回 False。可选参数 start 与 end 为检索字符串的开始与结束位置 |
| str.split(sep=None,maxsplit=-1) | 返回一个列表,由 str 根据 sep 被分割的部分构成 |

续表

| 方法 | 描述 |
|---|---|
| str.count(sub[,start[,end]]) | 返回 str[start:end] 中 sub 子串出现的次数 |
| str.replace(old,new[,count]) | 返回字符串 str 的副本,所有 old 子串被替换为 new,如果 count 给出,则前 count 次 old 出现被替换 |
| str.center(width[,fillchar]) | 字符串居中函数,详见函数定义 |
| str.strip([chars]) | 移除字符串头尾指定的字符(默认为空格或换行符)或字符序列 |
| str.zfill(width) | 返回字符串 str 的副本,长度为 width,不足部分在左侧添 0 |
| str.format() | 返回字符串 str 的一种排版格式,后面将详细介绍 |
| str.join(iterable) | 将序列中的元素以指定的字符连接生成一个新的字符串 |

字符串大小写处理方法如表 3.7 所示。

表 3.7 字符串大小写处理方法

| 函数 | 作用 | 示例 | 输出 |
|---|---|---|---|
| capitalize() | 首字母大写,其余小写 | s1="hello"<br>s1.capitalize() | Hello |
| upper() | 全部大写 | s1="hello"<br>s1.upper() | HELLO |
| lower() | 全部小写 | s1="Hello! "<br>s1.lower() | hello! |
| title() | 所有首字母大写,其余小写 | s1="hello, python"<br>s1.title() | Hello, Python |

填充字符方法如表 3.8 所示。

表 3.8 填充字符方法

| 函数 | 作用 | 示例 | 输出 |
|---|---|---|---|
| center(width, fillchar) | 字符串居中,填充到两边 | s='python'<br>s.center(10,'*') | **python** |
| ljust(width, fillchar) | 字符串居左,填充到右边 | s='python'<br>s.ljust(10,'*') | python**** |
| rjust(width, fillchar) | 字符串居右,填充到左边 | s='python'<br>s.rjust(10,'*') | ****python |

在字符串中搜索子串函数如表 3.9 所示。

表 3.9 在字符串中搜索子串函数

| 函数 | 作用 | 示例 | 输出 |
|---|---|---|---|
| find(sub,start,end) | 返回子串首次出现的位置(找不到返回 -1) | str1='中国是一个美丽的国家,中国有着上下五千年的文化底蕴'<br>print (str1.find('中国',1,20)) | 11 |
| index(sub,start,end) | 返回子串首次出现的位置(找不到返回报错信息) | str1='中国是一个美丽的国家,中国有着上下五千年的文化底蕴'<br>print (str1.index('中国')) | 0 |
| count(sub) | 统计指定的字符串出现的次数 | str1='中国是一个美丽的国家,中国有着上下五千年的文化底蕴'<br>print (str1.count('中国')) | 2 |

推荐使用 find 方法，即使没有找到，也不会影响其他程序运行。

判断字符串中的前缀/后缀方法如表 3.10 所示。

表 3.10　判断字符串中的前缀/后缀方法

| 函　　数 | 作　　用 | 示　　例 | 输出 |
| --- | --- | --- | --- |
| startswith(pre,[start,end]) | 是否以 pre 开头 | s='2022 年，人工智能技术在全球范围内迅速发展。'<br>print s.(startswith('2022 年 ')) | True |
| endswith(suf,[start,end]) | 是否以 suf 结尾 | s='2022 年，人工智能技术在全球范围内迅速发展。'<br>print s.(endswith('2023 年 ')) | True |

【例 3.8】 判断输入的字符串是否是以 .py 结尾。

```
# 1.输入一个字符串
str = input(" 请输入一个字符串 :")
# 2.判断输入的字符串是不是以 ".py" 结尾
flag = str.endswith('.py')
if flag
    print(" 字符串是以 .py 结尾 ")
else
    print(" 字符串不是以 .py 结尾 ")
```

用字符串中的特定符分割字符串方法如表 3.11 所示。

表 3.11　特定符分割字符串

| 函　　数 | 作　　用 | 示　　例 | 输　　出 |
| --- | --- | --- | --- |
| split() | 默认按空格分隔 | txt ="welcome to China"<br>txt.split() | ['welcome', 'to', 'China'] |
| split(' 指定字符 ', n) | 按指定字符分割字符串为数组 | txt = "hello, my name is Bill, I am 6 years old"<br>x= txt.split(",", 2)<br>print(x) | ['hello', 'my name is Bill', 'I am 6 years old'] |

【例 3.9】 按照指定格式解析字符串 name-age-sex。

```
# 1.输入一个字符串
str1 = input(' 请按照 name-age-sex 的格式输入您的信息 :')
# 2.使用 '-' 分割字符串
list1 = str.split('-')
# 3.解析出的各个信息输出
print(list1)
```

## 3.5　数值内置函数

数值内置函数如表 3.12 所示。

表 3.12　数值内置函数表

| 函　　数 | 描　　述 |
| --- | --- |
| abs(x) | 绝对值:x 的绝对值。例如,abs(-10.01) 结果为 10.01 |
| divmod(x,y) | 商余:(x//y,x%y),同时输出商和余数。例如,divmod(10,3) 结果为 (3,1) |
| pow(x,y[, z]) | 幂余:(x**y)%z,[...] 表示参数 z 可省略。例如,pow(3,pow(3,99),10000) 结果为 4587 |
| round(x[, d]) | 四舍五入,d 是保留小数位数,默认值为 0。例如,round(-10.123,2) 结果为 -10.12 |
| max($x_1,x_2,\dots ,x_n$) | 最大值:返回 $x_1,x_2,\cdots,x_n$ 中的最大值,$n$ 不限。例如,max(1,9,5,4,3) 结果为 9 |
| min($x_1,x_2,\dots ,x_n$) | 最小值:返回 $x_1,x_2,\cdots,x_n$ 中的最小值,$n$ 不限。例如,min(1,9,5,4,3) 结果为 1 |
| int(x) | 将 x 变成整数,舍弃小数部分。例如,int(123.45) 结果为 123;int("123") 结果为 123 |
| float(x) | 将 x 变成浮点数,增加小数部分。例如,float(12) 结果为 12.0;float("1.23") 结果为 1.23 |
| complex(x) | 将 x 变成复数,增加虚数部分。例如,complex(4) 结果为 4 + 0j |

## 3.6　类型判断和类型间转换

怎么才能知道创建变量或者常量的数据类型是什么呢？使用 type( 变量的名字 )即可查看,例如,2.4.2 节的代码中,变量 age 的数据类型是 int 整型;变量 name 和变量 classname 的数据类型是 str 字符串类型。

### 3.6.1　类型判断

Python 中常用的字符串类型判断方法如表 3.13 所示。

表 3.13　常用的字符串类型判断方法

| 函　　数 | 描　　述 |
| --- | --- |
| isalnum() | 用于判断是否全部为字母或数字 |
| isalpha() | 用于判断是否全部为字母 |
| isdecimal() | 用于判断是否全部为十进制数字 |
| isnumeric() | 用于判断字符串是否只由数字组成 |
| isdigit() | 用于判断是否全部为数字 |
| islower() | 用于判断是否全部为小写 |
| isupper() | 用于判断是否全部为大写 |
| istitle() | 用于判断首字母是否为大写 |
| isspace() | 用于判断字符是否为空格 |

**1. 字母判断**

（1）isalnum():如果字符串中至少有一个字符,并且所有字符都是字母或数字,则返回 True;否则返回 False。

```
str = 'python3x'
str.isalnum()
```

（2）isalpha()：如果字符串中至少有一个字符，并且所有字符都是字母，则返回 True；否则返回 False。

```
str = 'python'
str.isalpha()
```

### 2. 数字判断

（1）isdecimal()：如果字符串中只包含十进制数字，则返回 True；否则返回 False。

```
str = u'123'      # 定义一个十进制字符串，只需要在字符串前添加 'u' 前缀即可
str.isdecimal()
```

（2）isdigit()：如果字符串中只包含数字，则返回 True；否则返回 False。

```
str = '123'       # 只对 0 和正数有效
str.isdigit()
```

（3）isnumeric()：如果字符串中只包含数字，则返回 True；否则返回 False。

```
str = '123'       # Unicode 数字、全角数字（双字节）、罗马数字和汉字数字均可
str.isnumeric()
```

### 3. 大小写判断

（1）islower()：检测字符串是否都是小写字母，如果是，则返回 True；否则返回 False。

```
str = 'python'
str.islower()
```

（2）isupper()：检测字符串是否都是大写字母，如果是，则返回 True；否则返回 False。

```
str = 'PYTHON'
str.isupper()
```

### 4. 首字母判断

istitle()：检测字符串中首字母是否为大写，且其他字母为小写，如果是，则返回 True；否则返回 False。

```
str = 'Python'
str.istitle()
```

### 5. 空格判断

isspace()：检测字符串是否只包含空格，是则返回 True；否则返回 False。

```
str = "  "
str.isspace()
```

### 3.6.2 类型转换

如果连续多次对同一个变量赋值,那么这个变量的值和数据类型最后是多少呢?

例如,对刚才定义的 age 变量重新赋值:age='20 岁',变量 age 的值由之前的 20 变成了 20 岁,数据类型由之前的整型变成了字符串类型。

由以上可以看出,Python 变量的数据类型是可变的。Python 是一门动态语言,变量的类型可以随着赋值的变化而发生变化,也可以通过强制类型转换成其他数据类型。

实例代码如下:

```
age = 20
print(age)              # 打印 age 的值
print(type(age))        # 这里通过 type() 函数,输出 age 的数据类型为 int,然后执行打印命令
age = float(age)        # 强制类型转换,将 age 转换为浮点型
print(age)              # 再次输出 age 的值
print(type(age))        # 查看 age 的数据类型,已经转换成了 float 型
```

输出结果如下:

```
20
<class 'int'>
20.0
<class 'float'>
```

## 习 题

1. 当需要在字符串中使用特殊字符时,Python 使用( )作为转义字符。
   A. \                    B. /
   C. #                    D. %
2. 下列数据中,不属于字符串的是( )。
   A. 'python520'          B. "perfect"
   C. "8world"             D. hi
3. 从键盘输入一行字符,统计字符串中包含字母的个数。
4. 统计一个字符串中子串的出现次数,要求字符串和子串都从键盘输入。
5. 读取一个文件,显示除了以 # 开头的以外的所有行。
6. 将自己的学号、姓名写入文本文件 readme.txt 中。
7. 从键盘输入一个字符串,将小写字母全部转换成大写字母,然后输出到一个磁盘文件 test.txt 中保存,并实现循环输入,直到输入一个符号 # 为止。
8. 编写程序,输入一个任意字符串,输出指定的英文字母及其最后一次出现的位置。
9. 编写程序,输入一个任意字符串,输出其中只出现了一次的字符及其出现的位置。
10. 编写程序,输入一个任意字符串,输出所有唯一字符组成的新字符串,要求所有唯一字符保持在原字符串中的先后顺序。

# 第4章 组合数据类型

## 本章导语

在 Python 编程中,除了第 3 章所讲的基本数据类型外,还有一些组合的数据类型。组合数据类型能够将多个同类型或不同类型的数据组合起来,通过单一的表示使数据操作更有序、更容易。在 Python 中,常用的组合数据类型包含字符串、列表、元组和字典等。

组合数据类型提供了丰富而灵活的方式来存储和操作数据。本章将深入探讨组合数据类型的特性、创建方式以及常用的操作方法,帮助读者掌握这些关键概念,建立起对序列类型(列表和元组)以及字典的深入理解,从而更加有效地处理和管理数据。

## 学习目标

(1)掌握 Python 中列表、元组、字典和集合等数据类型的使用方法。
(2)能够使用列表、元组和字典编写程序,解决排序、查找等实际问题。
(3)熟练使用组合数据类型。
(4)熟练使用列表、元组、字典和集合操作函数和操作方法。
(5)能够独立编写简单项目,调用并获得正确结果。

## 4.1 序列类型概述

组合数据类型分为三类:序列(sequence)类型、集合(set)类型和映射(map)类型。序列,顾名思义就是一系列有顺序的数据。序列在我们日常生活中经常用到,例如,一个班级学生的排名序列、股票价格的时间序列等。集合就是指元素的集合,元素之间无顺序(不能通过序号访问),同一元素只能出现一次。映射是"键—值"数据项的组合,每个元素是一个键值对,表示为(key, value),其典型代表是字典。

序列包括字符串(str)、列表(list)和元组(tuple),它们都是有序排列的多个数据的容器。但是它们的修改方式不同。字符串和元组都是不可修改的数据序列,而列表是可修改的任何类型的数据序列。

字符串其实是单个字符组成的序列。列表和元组一样,它们是由单个数据项组成的序列。因此,字符串、列表和元组都是有长度的,可以使用 len() 函数查看它们的长度。有了序列类型的长度,即可对它进行索引和切片。

除了 len() 操作,通用序列操作还包括成员资格、加法(addition)、乘法(multiplication)、索引(index)、切片(slicing)、序列长度、序列的最小值和最大值,如表 4.1 所示。序列类型的索引就是取序列的第几个元素(也叫数据项)。序列的第 1 个元素的索引是 0,第 2 个元素的索引是 1,第 3 个元素的索引是 2,以此类推,第 $n$ 个元素的索引是 $n-1$。此外,序列还可以负向索引,也就是说序列的最后一个元素是 -1,倒数第二个是 -2,以此类推。

表 4.1 序列的操作类型及描述

| 操作类型 | 描　述 |
| --- | --- |
| x in s | 如果 x 是 s 的元素,返回 True,否则返回 False |
| x not in s | 如果 x 不是 s 的元素,返回 True,否则返回 False |
| s+t | 连接 s 和 t |
| x*n | 将序列 s 复制 n 次 |
| s[i] | 索引,返回序列的第 i 个元素 |
| s[i:j] | 切片,返回包含序列 s 的第 i 到 j 个元素的子序列(不包含第 j 个元素) |
| s[i:j:k] | 步长切片,返回包含序列 s 的第 i 到 j 个元素的以 k 为步长的子序列 |
| len(s) | 序列 s 的元素个数 |
| min(s) | 序列 s 的最小元素 |
| max(x) | 序列 s 的最大元素 |
| s.index(x,i, j) | 序列 s 中从 i 到 j 第一次出现元素 x 的位置 |
| s.count(x) | 序列 s 中出现 x 的总次数 |

## 4.2　字　符　串

字符串的一些基本概念在 3.3 节已经进行了介绍,在此就不再赘述了。此外,Python 中的字符串支持转义字符,在字符中需要使用特殊字符时,可以使用反斜杠"\"进行转义,使用 r 可以使反斜杠不发生转义。常用的转义字符见表 4.2。

表 4.2 常用转义字符

| 转义字符 | 描　述 |
| --- | --- |
| \(在行尾时) | 续行符 |
| \\ | 反斜杠 |
| \' | 单引号 |
| \" | 双引号 |
| \r | 回车 |
| \v | 垂直制表 |
| \n | 换行 |
| \f | 换页 |

## 4.3　列　表

在英语中,list 这个单词除了被翻译成列表外,还会被翻译成清单,例如我们出门采购时经常用到的 shopping list(购物清单)和 the bucket list(遗愿清单)。

在 Python 中,列表(list)是包含 0 个或多个对象的有序序列,属于序列类型。列表中的值称为元素(element),也称为项(item),列表的长度和内容是可变的,而元素类型可以不同。例如,ls=[3, "3",{' 福建 ':' 福州 '},[3,4,5],(3,4,5)],其中的元素可以是数字、字符串、字典、元组、列表和空列表等对象。

列表支持通用序列的操作,列表中的索引和切片的基本方法与字符串是一样的。

### 4.3.1 列表的创建与访问

列表的创建方法如表 4.3 所示。

表 4.3 列表的创建方法

| 方　法 | 描　　述 |
|---|---|
| [] | 创建一个空列表或者一个带有元素的列表 |
| list() | 创建空列表,或者将元组或字符串转换为列表 |

【例 4.1】 使用 [] 创建列表。

```
list_one = []
list_two = [1, 10, 55, 20, 6]
list_thr = [10, 'word', True, [6, 1]]
```

【例 4.2】 使用 list() 创建空列表。

```
list_one = list()
```

### 4.3.2 列表元素的删除

删除列表元素可以选用 del 命令或 remove () 方法。
(1)使用 del 命令删除列表中的指定位置上的元素,也可以直接删除整个列表。
示例代码如下:

```
f = [2, 4, 6, 8, 10]
del f[2]      # f: [2, 4, 8, 10]
del f
print(f)
```

del f [2] 语句中的 2 为列表 f 的下标,对应的元素为 6。直接删除整个列表后,再显示列表会报错。代码运行结果如下:

```
Traceback (most recent call last):File"<pyshell#134>", line 1, in <module>f
NameError: name'f' is not defined
```

(2)使用列表对象的 remove() 方法删除首次出现的指定元素。
示例代码如下:

```
h = [1, 2, 3, 1, 3, 5, 1, 4, 16]
h.remove(1)
print(h)      # [2, 3, 1, 3, 5, 1, 4, 16]
```

```
h.remove(1)
print(h)        # [2, 3, 3, 5, 1, 4, 16]
```

使用 h.remove(1) 语句删除首次出现的元素 1。

### 4.3.3 列表元素访问与成员资格判断

**1. 列表元素访问**

使用索引可以获取列表中的指定元素。
- list_program 列表中包含 "C"，"Python" 和 "Java" 三个元素；
- list_program[1] 是访问列表中索引为 1 的元素，输出结果为 Python；
- list_program[-1] 是访问列表中索引为 -1 的元素，输出结果为 Java。

（1）可以使用下标直接访问列表中的元素。

示例代码如下：

```
xList = [1, 2, 3, 4, 5, 6]
print(xList[0])     # 输出 1
print(xList[3])     # 输出 4
xList[0] = 8
print(xList)        # 输出 [8,2,3,4,5,6]
print(xList[3])
xList[10]
```

如果指定下标不存在，则抛出异常提示下标越界。代码运行结果如下：

```
Traceback (most recent call last):
File"<pyshell#149>", line 1, in <module>
IndexError: list index out of range
```

列表 xList 中的下标从 0 开始，可以利用下标读取列表中的元素或给列表中的元素重新赋值。

（2）使用列表对象的 index() 语句可以获取指定元素首次出现的下标。

示例代码如下：

```
yList = [2, 4, 6, 8, 10, 12]
print(yList.index(6))          # 输出 2
print(yList.index(10))         # 输出 4
yList(20)
Traceback (most recent call last):
File"<pyshell#155>", line 1, in <module>
yList (20)
```

代码运行结果如下：

```
TypeError: 'list'object is not callable
```

index() 语句的语法如下：

```
index (value, [start,[stop]])
```

其中,start 和 stop 用来指定搜索范围,start 默认为 0,stop 默认为列表长度。若列表对象中不存在指定元素,则抛出异常提示列表中不存在该值。

#### 2. 成员资格判断

成员资格判断使用 in 和 not in 运算符。

示例代码如下:

```
aList = [1, 3, 5, 7, 9]
print(1 in aList)            # True
print(2 in aList)            # False
print(3 in aList)            # True
bList = [[1], [3], [5], [7], [9]]
print(1 in bList)            # False
print([1] in bList)          # True
```

使用关键字 in 判断一个值是否存在于列表中,返回结果为 True 或 False。使用关键字 not in 判断一个值是否不存在于列表中,返回结果为 True 或 False。

### 4.3.4 列表的处理函数

(1)使用列表对象提供的 sort() 方法进行原地排序。

示例代码如下:

```
import random
m = [1, 2, 3, 4, 5, 6, 7, 8, 9]
random.shuffle(m)
print(m)                    # [3, 7, 5, 4, 1, 2, 8, 6, 9]
m.sort()
print(m)                    # [1, 2, 3, 4, 5, 6, 7, 8, 9]
m.sort(reverse=True)
print(m)                    # [9, 8, 7, 6, 5, 4, 3, 2, 1]
```

其中:

- random.shuffle (m) 用来打乱列表 m 中元素的顺序;
- m.sort ( ) 默认将列表 m 中的元素进行升序排列;
- m.sort (reverse=True) 将列表 m 中的元素进行降序排列。

(2)可以使用列表对象提供的 reverse() 方法将所有元素逆序排列。

示例代码如下:

```
k = [2, 3, 5, 7, 11, 13, 17, 23]
k.reverse()
print(k)                    # [23,17,13,11, 7, 5, 3, 2]
```

其中,将所有元素位置反转,第一个元素与最后一个元素交换位置,第二个元素与倒数第二个元素交换位置。

### 4.3.5 列表的处理方法

增加列表元素可以选用 append ()、extend() 和 insert() 三种方法。
（1）使用列表对象的 append() 方法，可原地修改列表。
示例代码如下：

```
cList = [3, 5, 7, 9]
cList.append(11)
print(cList)            # [3,5,7,9,11]
```

其中，append() 方法可以将另一个迭代对象的所有元素添加至该列表对象的尾部。
（2）使用列表对象的 insert() 方法将元素添加至列表的指定位置。除非必要，应尽量避免在列表中间位置插入和删除元素的操作，优先考虑使用 append() 方法。
示例代码如下：

```
e = [1, 3, 5, 7, 9]
e.insert(2, 8)
print(e)                # [1,3,8,5,7,9]
```

其中，列表 e 中，元素 1 的下标为 0，元素 3 的下标为 1，元素 5 的下标为 2，以此类推，元素 7 的下标为 3，元素 9 的下标为 4。e.insert (2, 8) 语句中的 2 为列表 e 的下标，8 为要插入的元素，插入的位置在元素 3（下标为 1）之后，插入位置之后的所有元素会全部后移。

## 4.4 元　　组

元组（tuple）与列表类似，使用圆括号，元素间用逗号分隔，元组中的元素是任意类型的 Python 对象。

元组是不可变（immutable）类型，是不可修改的任何类型的数据的序列。与列表的最大区别是，元组一旦创建就不能删除、添加或修改其中的元素。也就是说元组不能二次赋值，相当于只读列表。元组的这种"只可读"的特性特别适合保存一些不能修改的数据，如一些机密信息。

元组仍然是一种序列，所以几种获取列表元素的索引方法同样可以应用到元组的对象中。

### 4.4.1 元组的创建

元组的创建有以下两种方法。
（1）在交互模式下输入，例如：

```
1, 2, 3
(1, 2, 3)
"hello", "world"
('hello', 'world')
```

上述操作中使用逗号分隔一些值,得到的输出结果就是元组。也可以用圆括号将元素括起来赋给一个变量,元素之间用逗号隔开来创建元组。

示例代码如下:

```
tup0 = ()                  # 空元组
tup1 = (1, 2, 3)
print(type(tup1))          # <class 'tuple'>
```

(2)创建元组的另一种方法是用 tuple(),它把其他序列类型的数据转换成元组。示例代码如下:

```
a = [2, 4, 6, 8, 9]
t = tuple(a)
print(t)                   # 输出 (2, 4, 6, 8, 9)
```

### 4.4.2 元组的访问

元组的值可以通过索引和切片访问,也可以通过遍历访问。例如:

```
a = (1, 2, 3)
print(a[0], a[1], a[2])           # 索引访问
print(a[-1], a[-2], a[-3])        # 切片访问
print(a[0:2], a[:], a[::-11])     # 索引访问
for i in a:                       # 遍历
    print(i, end="")
```

运行结果如下:

```
1 2 3
3 2 1
(1, 2) (1, 2, 3) (3, 2, 1)
123
```

## 4.5 字　　典

现在有一个成绩管理系统,其中一个学生的期末成绩如下:数据结构为 80,操作系统为 90,数据库原理为 85。我们可以用一组列表表示科目,再用另一组列表表示成绩,但是这样就硬生生把一个学生的成绩分成了两半。我们通过创建字典 d,就可以解决上述问题。

创建字典 d={数据结构:80,操作系统:90,数据库原理:85,科目为键(key):分数为值(value)},每个键值对(key-value pair)叫作项(item),该字典共 3 项(item)。

字典形式如下:

```
d={ key1:value1,key2:value2,... < key n>:< value n>}
```

键和值之间用冒号 (:) 分隔,形如 key:value。两个键值对之间用逗号分隔。整体使用大括号分定界。字典的示意图如图 4.1 所示。

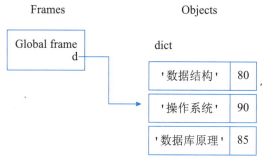

图 4.1 字典的示意图

字典是由多个"键:值"对组成的无序的对象集合,可以通过键(key)找到对应的值(value)。例如:

```
d = {'数据结构': 80, '操作系统': 90, '数据库原理': 85}
d["数据结构"]              # 80
```

字典的键必须唯一,一个字典不能出现两个或两个以上相同的键,否则会出错,且键必须为不可变类型,如整数、实数、复数、字符串和元组等。利用 hash() 返回对象的哈希值,用来判断一个对象能否作为字典的键。例如:

```
hash([1, 2, 3])
Traceback(most recent call last):
File "<pyshell#1>",line 1, in <module>
hash([1,2,3])
TypeError:unhashable type:'list'
hash((1, 2, 3))         # 529344067295497451
hash("hello")           # 2491126064095113222
```

上述例子说明列表不能作为字典的键,而字符串、元组等都可以作为字典的键。字典的值可以相同,可以是任何数据类型。字典是无序可变序列,创建时的顺序和显示的顺序可能会不同。

### 4.5.1 字典的创建与访问

既可使用花括号({})语法来创建字典,也可使用 dict() 函数来创建字典。实际上,dict 就是 Python 中的字典类型,如表 4.4 所示。

表 4.4 字典的创建方法

| 方法 | 描述 |
| --- | --- |
| d={ key1: value1,...,< key n>:< value n>} | 生成一个字典,key:value 为键值对 |
| dict() | 根据给定的键、值创建字典或将其他类型转换为字典 |

### 1. 使用 {} 创建字典

整个字典包括在花括号 {} 中,格式如下:

```
d = {key1 : value1, key2 : value2, key3 : value3}
```

其中,字典的键必须是唯一的,但值不是。值可以取任何数据类型,如字符串、数字等。一个简单的字典示例如下:

```
tinydict = {'Name': 'Zhangsan','Gender':'Male' ,'Age': 23}
```

### 2. 使用内置函数 dict() 创建字典

示例代码如下:

```
color = dict(blue='蓝色', green='绿色', red='红色')
print(color)
{'blue': '蓝色', 'green': '绿色', 'red': '红色'}
```

### 3. 根据键访问值

可以通过键获取对应的值,示例代码如下:

```
tinyDict = {'Name': 'Ligang', 'Age': 47, 'Gender': "Male"}
print("tinyDict['Name']: ", tinyDict['Name'])
print("tinyDict['Age']: ", tinyDict['Age'])
```

上述代码的执行结果为

```
tinyDict['Name']:  Ligang
tinyDict['Age']:  47
```

如果用字典里没有的键访问数据,则会输出错误结果。示例代码如下:

```
tinyDict = {'Name': 'Ligang', 'Age': 47, 'Gender': "Male"}
print("tinyDict['Address']: ", tinyDict['Address'])
```

上述代码的执行结果为

```
File "d:/main.py", line 2, in <module>
   print("tinyDict['Address']: ", tinyDict['Address'])
KeyError: 'Address'
```

## 4.5.2 字典的处理函数

常见字典函数如表 4.5 所示。

表 4.5 常见字典函数

| 函数 | 说明 |
| --- | --- |
| len(d) | 返回字典 d 中元素的个数 |
| min(d) | 返回字典 d 中最小键所对应的值 |

续表

| 函 数 | 说 明 |
|---|---|
| max(d) | 返回字典 d 中最大键所对应的值 |
| d.keys() | 返回字典 d 中所有的键信息 |
| d.values() | 返回字典 d 中所有的值信息 |
| d.items() | 返回字典 d 中所有的键值对信息 |
| d.update(key) | 在字典 d 中为指定的键添加或修改元素 |
| d.clear() | 清空字典,字典还存在,只不过没有元素 |
| d.pop(key[,default]) | 若键存在于字典 d 中,则返回其对应的值,同时删除键值对,否则返回默认值 |
| d.popitem() | 随机删除字典 d 中的一个键值对 |
| del d[key] | 删除字典 d 中的某键值对 |

字典的处理函数演示代码如下:

```
dic = {'name': 'jack', 'age': 23, 'height': 185.5}
print(dic)
print(dic.keys())
print(dic.values())
print(dic.items())
{'name': 'jack', 'age': 23, 'height': 185.5}
dict_keys(['name', 'age', 'height'])
dict_values(['jack', 23, 185.5])
dict_items([('name', 'jack'), ('age', 23), ('height', 185.5)])
```

## 4.6 多行语句

在 Python 中,多行语句通常指的是那些因为长度或结构需要跨越多行来完整表达的语句。虽然 Python 的语法设计鼓励使用简洁的、单行的语句,但在某些情况下,例如定义长的列表、元组、字典、函数或类时,语句可能会自然地延伸到多行。

### 4.6.1 长的列表或元组

当探讨长的列表或元组时,Python 提供了简洁的语法来处理大量数据。
语法格式如下:

```
my_list = [
    "item1",
    "item2",
    "item3",
    # ... 更多项
]
my_tuple = (
    "tuple1",
```

```
    "tuple2",
    "tuple3",
    # ... 更多项
)
```

### 4.6.2　长的字典

在深入研究长的字典结构时,需要了解如何有效地管理大量键值对数据。
语法格式如下:

```
my_dict = {
    "key1": "value1",
    "key2": "value2",
    "key3": "value3",
    # ... 更多键值对
}
```

### 4.6.3　长的函数调用

参考以下示例代码,探索长的函数调用,并掌握如何在代码中清晰地调用复杂的函数。

```
result = some_function(arg1, arg2, arg3, arg4, arg5, arg6)
```

### 4.6.4　多行跨越

在 Python 中,字符串可以通过多种方式跨越多行。例如,使用反斜杠(不推荐,因为可读性较差)或者使用括号(推荐)。
示例代码如下:

```
# 使用反斜杠（不推荐）
long_string = "This is a very long string that " \
              "spans multiple lines."
# 使用括号（推荐）
long_string = (
    "This is a very long string that "
    "spans multiple lines."
)
```

从 Python 3.8 开始,还可以使用字符串前导的三个引号(单引号或双引号)与括号结合来实现跨行字符串,而无需在每行的末尾使用反斜杠或额外的括号。
示例代码如下:

```
long_string = """
    This is a very long string that
    spans multiple lines.
"""
```

### 4.6.5 复杂表达式

当表达式过于复杂时,也可能需要跨越多行以提高可读性。
示例代码如下:

```
result = (some_complex_expression1 +
          some_complex_expression2 -
          some_complex_expression3)
```

### 4.6.6 函数或类的定义

函数和类的定义本身就可能跨越多行,因为它们包含多个语句块,如 def 或 class 关键字、参数列表、冒号、缩进的代码块等。

```
def my_function(arg1, arg2):
    # 函数体,可能包含多行语句
    pass
class MyClass:
    def __init__(self, value):
        # 类的初始化方法,可能包含多行语句
        self.value = value
```

在这些例子中,多行语句有助于提高代码的可读性和可维护性。通过合理地使用缩进和换行,可以使复杂的代码结构更加清晰易懂。

## 4.7 切片操作

切片是 Python 序列的重要操作之一,适用于列表、元组、字符串、range 对象等类型。
**1. 使用两个冒号分隔的 3 个数字来完成**
(1)第一个数字表示切片开始位置(默认为 0)。
(2)第二个数字表示切片截止(但不包含)位置(默认为列表长度)。
(3)第三个数字表示切片的步长(默认为 1),当步长省略时,可以省略最后一个冒号。
示例代码如下:

```
cList = [1, 3, 5, 7, 9, 11, 13]
print(cList[::])           # [3,5,7,9,11,13]
print(cList[::-1])         # [13,11, 9,7,5, 3,1]
print(cList[:: 3])         # [1,7,13]
```

其中,cList [::] 的方括号中 3 个数字全部省略,第一个数字默认为 0,第二个数字默认为列表长度,第三个数字默认为 1。
cList [::-1] 的方括号中最后一个数字为 -1,表示切片可以逆序输出列表。

cList [::3] 的方括号中最后一个数字为 3,表示切片的步长为 3。

### 2. 切片操作的功能

(1)可以使用切片来截取列表中的任何部分,得到一个新列表。

示例代码如下:

```
cList = [1, 3, 5, 7, 9, 11, 13]
print(cList[1::3])       # [3,9]
cList = [1, 3, 5, 7, 9, 11, 13]
print(cList[2:5])        # [5,7,9]
print(cList[2:5:1])      # [5,7,9]
```

如上示例中,cList [1::3] 表示使用切片截取列表中初始下标为 1、步长为 3 的元素组成新列表,即 [3,9]。cList [2:5] 表示使用切片截取列表中初始下标为 2、终止下标为 5 的元素组成新列表,即 [5,7,9]。cList [2:5:1] 表示使用切片截取列表中初始下标为 2、终止下标为 5 和步长为 1 的元素组成新列表,即 [5,7,9]。

(2)可以通过切片来修改列表中部分元素。

示例代码如下:

```
cList = [1, 3, 5, 7, 9, 11, 13]
cList[:2] = [2, 4]
print(cList)             # [2,4,5,7,9,11,13]
```

cList [:2] =[2,4] 表示将列表 cList 中下标为 0 的元素 1 修改为 2,将下标为 1 的元素 3 修改为 4。

(3)可以通过切片来删除列表中部分元素。

示例代码如下:

```
cList = [1, 3, 5, 7, 9, 11, 13]
cList[:3] = []
print(cList)             # [7,9,11,13]
```

cList [:3]= [] 表示将列表 cList 中下标为 0、1、2 的元素全部删除。

可以结合使用 del 命令与切片操作来删除列表中的部分元素。

示例代码如下:

```
cList = [1, 3, 5, 7, 9, 11, 13]
del cList[: 3]
print(cList)             # [7,9,11,13]
```

del cList [:3] 同样表示将列表 cList 中下标为 0、1、2 的元素全部删除。

(4)可以通过切片操作为列表对象增加元素。

示例代码如下:

```
cList = [1, 3, 5, 7, 9, 11, 13]
cList[7:] = [15]
print(cList)             # [1,3,5,7,9,11,13,15]
```

cList [7:] =[15] 表示将列表 cList 中下标为 7 的元素赋值为 15。

（5）切片操作不会因为下标越界而抛出异常，而是简单地在列表尾部截断或者返回一个空列表，代码具有更强的健壮性。

示例代码如下：

```
cList = [1, 3, 5, 7, 9, 11, 13]
print(cList[0:15:1])          # [1,3,5,7,9,11,13]
print(cList[20:])             # []
```

cList [0:15:1] 中列表的初始下标为 0，终止下标越界，得到的新列表与原列表相同。

cList [20:] 中初始下标为 20，已经越界，返回空列表，不会报错。

## 习 题

1. 下面（ ）是元组和列表的共同点。
   A. 可以进行索引操作　　　　　　B. 元素类型必须一致
   C. 可以动态修改　　　　　　　　D. 可以作为字典的 key
2. 以下不是 Python 组合数据类型的是（ ）。
   A. 字符串类型　　　　　　　　　B. 集合类型
   C. 复数类型　　　　　　　　　　D. 字典类型
3. 列表 1st=[12,23,3,7,6,101]，请分别对列表按照升序和降序的方式排列并输出。
4. 字典 d={" 张三 ":98," 李四 "76}，写出下列操作的相关代码。
   （1）向字典中添加键值对 "" 王五 ":88"。
   （2）修改键"李四"对应的值为 78。
   （3）删除键"张三"对应的键值对。
5. 将一个列表中为奇数的元素放在前面，为偶数的放在后面并输出。
6. 编写程序，设计一个嵌套的字典，形式为 { 姓名 1:{ 课程名称 1:分数 1,课程名称 2:分数 2,...}...}，表示若干同学的各科成绩，输入一些数据，然后计算每个同学的总分和各科平均分。
7. 设计一个字典里嵌套集合的数据结构，形式为 { 用户名 1:{ 电影名 1,电影名 2,...}，用户名 2:{ 电影名 3,...},...}，表示若干用户分别喜欢看的电影名称，向设计好的数据结构中输入一些数据，然后计算并输出爱好最相似的两个人，也就是共同喜欢的电影数量最多的两个人，以及这两人共同喜欢的电影名称。

# 第5章 流程控制

### 本章导语

Python 中有三大控制结构,分别是顺序结构、分支结构以及循环结构。顺序结构就是按照所写的代码顺序执行,也就是按逐条语句顺序执行,这种结构的逻辑最简单。分支结构又称为选择结构,根据判断条件选择执行特定的代码。如果条件为真,则程序执行一部分代码;否则执行另一部分代码。在 Python 语言中,选择结构的语法使用关键字 if、elif、else 来表示。循环结构是指满足一定的条件下,重复执行某段代码的一种编码结构,它是使用最多的一种结构。Python 常见的循环结构是 for 循环和 while 循环。

通过本章的学习,读者对 Python 中流程控制工具有更深入的理解,为编写更加灵活、健壮和可读性强的程序奠定坚实的基础。

### 学习目标

(1)掌握并且熟练使用简单的 if 语句和嵌套的 if 语句。
(2)掌握并且熟练使用 while 循环和 for 循环语句。
(3)掌握并且熟练使用 break 语句和 continue 语句。
(4)掌握选择结构程序设计和循环结构程序设计的编程思路。
(5)具有独立调试程序,获得正确结果的能力。

## 5.1 顺序结构

顺序结构是指程序按照代码的先后顺序依次执行,没有任何条件或判断。代码会从上到下依次执行,每一行代码都会被执行一次,顺序结构如图 5.1 所示。

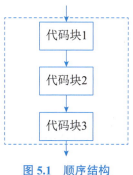

图 5.1 顺序结构

## 5.2 分支结构

分支结构是根据条件的不同选择不同的执行路径。根据条件的真假,程序会选择执行不同的代码块。常见的分支结构有 if 语句和 switch 语句,分支结构如图 5.2 所示。

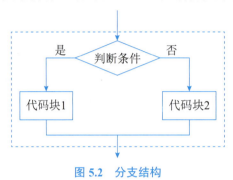

图 5.2 分支结构

### 5.2.1 单分支结构

单分支结构使用 if 语句来实现,具体的语法格式包含三部分内容:if 关键字、判断条件和代码块。

Python 中单分支 if 语句的格式如下:

```
if< 条件表达式 >:
    代码块
```

if 语句首先判断条件表达式是否成立,也就是计算条件表达式的值。如果值为 True,表示条件表达式成立;如果值为 False,表示条件表达式不成立。当条件表达式成立时,执行代码块;否则不执行代码块。这里代码块有可能是一条或多条语句,并且注意要采用缩进格式,条件表达式后面的冒号不要遗漏。

【例 5.1】 使用单分支结构判断当天是否是星期天。

具体代码如下:

```
day = int(input("今天是工作日吗（请输入整数1~7）? "))
if day in [1, 2, 3, 4, 5]:
    print("今天是工作日。")
if day in [6, 7]:
    print("今天非工作日。")
```

### 5.2.2 二分支结构

if 语句只允许在条件为真时指定要执行的语句,而 if-else 语句还可在条件为假时指定要执行的语句。

if-else 语句的一般形式如下:

```
if 判断条件:
```

```
        代码块 1
    else:
        代码块 2
```

执行过程是当判断条件为真时，执行代码块 1；否则执行代码块 2。

**【例 5.2】 如何用 Python 语言判断 PM2.5 是否超标。**

2012 年 2 月，国务院同意发布新修订的《环境空气质量标准》，新标准增加了 PM2.5 监测指标。我国相关文件规定的 PM2.5 标准值为 24 小时平均浓度小于 75μg/m$^3$。在我国 24 小时 PM2.5 对应空气质量的标准值：优为 0～35μg/m$^3$；良为 35～70μg/m$^3$；轻度污染为 70～115μg/m$^3$；中度污染为 115～150μg/m$^3$；重度污染为 150～250μg/m$^3$；严重污染为大于 250μg/m$^3$ 及以上。

if-else 语句实现 PM2.5 的空气质量简化版判断实现代码如下：

```
PM = eval(input("请输入 PM2.5 数值："))
if PM >= 75:
    print("空气质量污染")
else:
    print("空气质量无污染")
```

### 5.2.3 多分支结构

Python 中多分支 if 语句的格式如下：

```
if 判断条件 1:
    代码块 1
elif 判断条件 2:
    代码块 2
...
elif 判断条件 n:
    代码块 n
else:
    代码块 n+1
```

多分支 if 语句依次判断条件表达式 1 至条件表达式 n 是否成立，如果有一个成立，则执行对应的代码块；否则执行代码块 n+1。这里代码块 1 至代码块 n 有可能是一条或多条语句，并且注意要采用缩进格式，条件表达式和 else 后面的冒号不要遗漏。

**【例 5.3】 依据年龄判断年龄段的问题。**

通过单分支、二分支和多分支三种方式实现年龄段的判断，并比较它们之间的不同。

（1）单分支实现

示例代码如下：

```
age = input("请输入您的年龄：")
age = int(age)
if age > 20:
    print("您的年龄已超过 20")
print("再见")
```

输出结果:

```
请输入您的年龄:16
再见
请输入您的年龄:21
您的年龄已超过 20
再见
```

(2)二分支实现

示例代码如下:

```
age = input("请输入您的年龄:")
age = int(age)
if age > 20:
    print("您的年龄已超过 20")
else:
    print("您的年龄不足 20")
print("再见")
```

输出结果:

```
请输入您的年龄:16
您的年龄不足 20
再见
请输入您的年龄:21
您的年龄已超过 20
再见
```

(3)多分支实现

示例代码如下:

```
age = input("请输入您的年龄:")
age = int(age)
if age < 20:
    print("少年")
elif age < 40:
    print("青年")
elif age < 60:
    print("中年")
else:
    print("老年")
print("再见")
```

输出结果:

```
请输入您的年龄:5
少年
再见
请输入您的年龄:45
中年
```

再见

### 5.2.4 多支嵌套

在前面介绍的三种 if 语句中,代码块也可以是 if 语句,所以这三种 if 语句可以嵌套,构成 if 语句的嵌套结构。

在做复杂条件判断时经常用到嵌套结构,使用时要注意嵌套 if 语句的缩进和对齐。

在 if 语句中又包含一个或多个 if 语句时,称为 if 语句嵌套。

内嵌 if 语句代码示例如下:

```
if 判断条件 1:
    if 判断条件 2:
        代码块 1
    else:
        代码块 2
```

外嵌 if 语句代码示例如下:

```
else:
    if 判断条件 3:
        代码块 3
    else:
        代码块 4
```

【例 5.4】 已知一元二次方程 $ax^2+bx+c=0(a\neq0)$,设计算法实现如下功能:从键盘输入方程的系数 $a$、$b$、$c$ 的值,输出方程的实数根。流程如图 5.3 所示。在流程图中,$d$ 表示一元二次方程的判别式,$x_1$ 和 $x_2$ 表示方程的两个根(如果有根)。

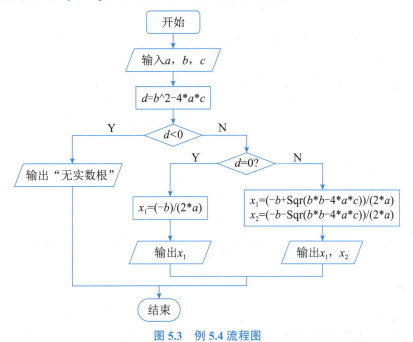

图 5.3　例 5.4 流程图

## 5.3 循环结构

循环结构是指程序可以重复执行一段代码多次,直到满足某个条件为止。循环结构可以让程序反复执行同一段代码,减少了重复编写代码的工作。常见的循环结构有条件循环和遍历循环,如图 5.4 所示。

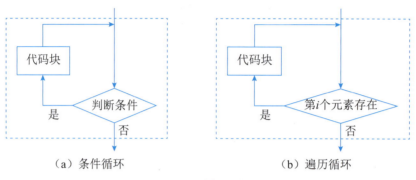

(a)条件循环　　　　　　　(b)遍历循环

图 5.4　循环结构

### 5.3.1　判断条件

判断条件可以是具有布尔属性的任意元素,包括数据、变量或由变量与运算符组成的表达式,若其布尔属性为 True,则条件成立;若布尔属性为 False,则条件不成立。

除了非空常量外,Python 还常使用关系和成员运算符构成判断条件。

### 5.3.2　Python 的条件循环结构

在 Python 中,循环是一个非常重要的编程概念,它允许程序重复执行一段代码块,直到满足特定的条件为止。

Python 提供了两种主要的条件循环结构:for 循环和 while 循环。

**1. for 循环**

for 循环用于遍历序列(如列表、元组、字符串)或其他可迭代对象,并对每个元素执行一段代码块。

其基本语法如下:

```
for variable in iterable:
    # 执行代码块
```

其中,variable 是在每次循环迭代中用来存储当前元素的变量,iterable 是一个可迭代对象(如列表或字符串)。

示例代码如下:

```
# 遍历列表
fruits = ['apple', 'banana', 'cherry']
```

```
for fruit in fruits:
    print(fruit)
# 遍历字符串
text = 'hello'
for char in text:
    print(char
```

**2. while 循环**

while 循环会在满足某个条件时持续执行一段代码块。只要条件为真(True),循环就会继续执行。

其基本语法如下:

```
while condition:
    # 执行代码块
```

其中,condition 是一个表达式,如果它的值为真(True),循环体内的代码块就会被执行。每次循环迭代后,都会重新检查条件,如果条件变为假(False),循环就会终止。

示例代码如下:

```
# 计算1到10的累加和
count = 1
total = 0
while count <= 10:
    total += count
    count += 1
print(total)

# 无限循环(需要谨慎使用,通常配合break 语句)
while True:
    user_input = input("请输入一个数字(输入q退出): ")
    if user_input.lower() == 'q':
        break
    number = int(user_input)
    print(f"你输入的数字是: {number}")
```

在 Python 中,循环经常与条件语句(如 if 语句)、循环控制语句(如 break 和 continue 语句)一起使用,以实现更复杂的逻辑。break 语句用于在循环中提前终止循环,而 continue 语句则用于跳过当前循环迭代中的剩余代码,直接进入下一次迭代。

示例代码如下:

```
numbers = [1, 3, 5, 7, 9, 2, 4, 6, 8, 10]
searched_number = 5
for num in numbers:
    if num == searched_number:
        print(f"The number {searched_number} is found!")
        break
    else:
        print(f"The number {searched_number} is not found!")
```

```
numbers = [1, 2, 3, 4, 5, 6, 7, 8, 9, 10]
print("Even numbers:")
for num in numbers:
    if num % 2 != 0:
        continue
    print(num)
```

通过合理使用循环结构，Python 程序员能够高效地处理重复任务，构建复杂的程序逻辑。

### 5.3.3 遍历循环

遍历循环可理解为从遍历结构中逐一提取元素，放在循环变量中对所提取的每个元素执行一次代码块。

遍历循环由关键字 for 和 in 组成，完整遍历所有元素后结束每次循环，所获得元素放入循环变量，并执行一次代码块。

**1. 遍历循环语法格式**

```
for <循环变量> in <遍历结构>:
    <代码块>
```

其中，遍历结构可以是字符串、文件、组合数据类型或 range() 函数等；循环变量用于保存本次循环中访问到的遍历结构的元素；for 循环的循环次数取决于遍历的目标元素个数。

【例 5.5】 遍历字符串。

```
string = input("请输入一个字符串 :")
for c in string:
    print(c)
```

**2. 遍历循环的应用**

Python 中常用的遍历循环应用有计数遍历循环、字符串遍历循环和文件遍历循环。
（1）计数遍历循环
可以遍历 range() 函数创建的整数列表，并产生循环。

```
for i in rang(n):
<代码块>
```

【例 5.6】 输出 0 ~ 4 五个整数。

```
for i in range(5):
    print(i)
```

【例 5.7】 输出五个 hello。

```
for i in range(5):
    print('hello',i)
```

遍历由 range() 函数产生的数字序列,产生循环,下面代码表示 i 从 M 开始,到 N-1 结束,以 k 为步长。

```
for i in rang(M,N,k)
```

其中,M 表示列表起始位置,该参数可以省略,此时列表默认从 0 开始;N 表示列表结束位置,但不包括 N,如 range(5)、range(0,5) 表示列表 [0,1,2,3,4];k 表示列表中元素的增幅,该参数可以省略,此时列表步长默认为 1。

【例 5.8】 输出三个 hello。

```
for i in range(1,6,2):
    print('hello',i)
```

(2)字符串遍历循环

如果 s 是字符串,想要遍历字符串每个字符,并产生循环,那么语法格式如下:

```
for c in s:
    <代码块>
```

【例 5.9】 输出字符串 PYTHON 中的每一个字符。

```
for c in 'PYTHON':
    print(c,end=" ")
```

(3)文件遍历循环

语法结构如下:

```
for line in f1
```

其中,f1 是一个文件标识符,遍历每一行,并产生循环。

【例 5.10】 输出文件中的每一行文字。

```
f1 = open('file1.txt', encoding='utf-8')
for line in f1:
    print(line)
f1.close()
```

【例 5.11】 "少年智则国智,少年富则国富,少年强则国强"出自梁启超《少年中国说》中的一段文字,作于光绪二十六年(1900 年),八国联军侵华,民族危机空前严重。正值戊戌变法失败,作者梁启超流亡日本之时所写。意思是青少年强盛,国家才能兴旺强盛,青少年有理想有抱负精神上富有,国家才能够强大富足。老师也寄希望于同学们,成为一名对国家有用的人才。

遍历输出这段话的核心代码如下:

```
string = input("请输入一个字符串: ")
for i in range(len(string)):
    print(string[-(i+1)])
```

### 5.3.4 循环控制

Python 中的 break 语句可以结束当前循环,然后跳转到下一条语句,类似 C 语言中的 break。当某个外部条件被触发(一般通过 if 语句检查),需要立刻从循环中退出时,break 语句可以用在 while 和 for 循环中。

**1. break 语句**

break 语句在 while 和 for 循环中的语法格式如下:

```
while 循环条件:
    [代码块1]
    if 判断条件:
        break
    [代码块2]
for 循环变量 in 遍历结构:
    [代码块1]
    if 判断条件:
        break
    [代码块2]
```

break 语句流程示意图如图 5.5 所示。

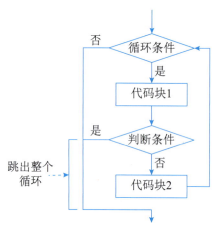

图 5.5  break 语句流程图

【例 5.12】 break 在实际应用中的实现代码如下:

```
for letter in 'Shanghai':
    if letter == 'h':
        break
    print('当前字母：{}'.format(letter))
```

输出结果:

当前字母：S

**2. continue 语句**

Python 中 continue 语句和其他高级语言中的 continue 没有不同,可在 while 和 for 循环中用于循环的控制。while 循环是条件性的,而 for 循环是迭代的,所以 continue 在开始下一次循环前要满足一些先决条件,否则循环会正常结束。

continue 语句在 while 和 for 循环中的语法格式如下:

```
while 循环条件:
    [代码块 1]
    if 判断条件:
        continue
    [代码块 2]
for 循环变量 in 遍历结构:
    [代码块 1]
    if 判断条件:
        continue
    [代码段 2]
```

continue 语句流程示意图如图 5.6 所示。

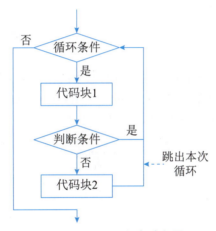

图 5.6　continue 语句流程图

【例 5.13】 计算 100 以内的偶数和,输出计算结果。
使用 continue 语句实现的代码如下:

```
sum = 0
for i in range(1, 100):
    if i % 2 == 1:
        continue
    sum += i
print("100 以内的偶数和为: {}".format(sum))
```

## 5.4　异常处理结构

### 5.4.1　认识异常

异常是指程序运行过程中产生的错误,如被零除、打开一个不存在的文件等。这些错误会使程序运行结束,并输出错误信息,也就是会改变程序正常的流程。因此,在异常产生时,我们需要捕获异常,并对异常进行善后处理,使程序不会意外终止,从而将异常对程序的影响降到最低。异常处理使程序能够处理异常后继续正常执行。

程序运行出现异常时,若程序中没有设置异常处理功能,解释器会采用系统的默认方式处理异常,即返回异常信息,终止程序。

异常信息中通常包含异常代码所在行号、异常的类型和异常的描述信息。

异常信息示例如下:

```
while True              # 缺少冒号
    print(" 语法格式错误 ")
```

上述代码运行结果如下:

```
File "/home/user/python 项目 / 异常 .py", line 1
    while True
SyntaxError: invalid syntax
```

上述示例的运行结果中,第一行是错误文件,第二行是错误具体位置,第三行是错误信息。

一段语法格式正确的 Python 代码在运行时产生的错误称为逻辑错误。

所有的异常类都继承自基类 BaseException。BaseException 类中包含 4 个子类,其中子类 Exception 是大多数常见异常类的父类,如图 5.7 所示。

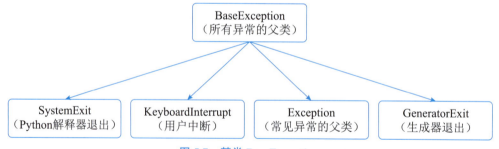

图 5.7 基类 BaseException

Python 提供了异常处理的机制,包括异常类和异常处理语句。不同的异常由相应的类来处理。Python 通过异常处理语句来捕获并处理异常,常见异常子类见表 5.1。

表 5.1 常见异常子类

| 类 名 | 描 述 |
| --- | --- |
| SyntaxError | 发生语法错误时引发 |
| FileNotFoundError | 未找到指定文件或目录时引发 |
| NameError | 找不到指定名称的变量时引发 |
| ZeroDivisionError | 除数为 0 时的异常 |
| IndexError | 当使用超出列表范围的索引时引发 |
| KeyError | 当使用映射不存在的键时引发 |
| AttributeError | 当尝试访问未知对象属性时引发 |

续表

| 类　名 | 描　述 |
|---|---|
| TypeError | 当试图在使用 a 类型的场合使用 b 类型时引发 |
| IOError | 输入/输出错误（比如打开一个不存在的文件） |
| ValueError | 值错误（比如试图将字母字符串转换为整数） |

程序运行会遇到各种各样的问题，最常见的问题是语法错误。语法错误是指开发人员编写了不符合 Python 语法格式的代码所引起的错误。

### 1. SyntaxError 异常

当解释器发现语法错误时，触发该异常。

代码示例如下：

```
s = "abc
```

运行结果如下：

```
SyntaxError:EOL while scanning string literal
```

### 2. FileNotFoundError 异常

该异常是未找到指定文件或目录时引发的异常，如当打开一个本地不存在的文件进行遍历时，就会出现这种异常。

异常代码如下：

```
#for 循环应用于文件遍历
f1 = open('file',encoding='utf-8')
for line in f1:
    print(line)
f1.close()
```

该代码所报异常如下：

```
Traceback(most recent call last):
File "F:\2022 上 \ 教学工作 \ 计应 213_214\ 备课用 \ 文件遍历循环 .py",line 2,in <module>
f1 = open('file',encoding = 'utf-8')
FileNotFoundError: [Errno 2] No such file or directory:'file'
```

### 3. NameError 异常

该异常是程序中使用了未定义的变量时会引发的异常。

此类异常信息如下：

```
Traceback(most recent call last):
File "F:\2022 上 \ 教学工作 \ 计应 213_214\ 计应 213\0316\lx03.py",line 1,in <module>
print(test)
NameError: name 'test' is not defined
```

### 4. ZeroDivisionError 异常

当除法或取余运算的第二个参数为零时，触发该异常。

此类异常信息如下:

```
Traceback(most recent call last):
    print(num/0)
ZeroDivisionerror: division by zero
```

#### 5. IndexError 异常

IndexError 异常是程序越界访问时引发的异常。

此类异常信息如下:

```
Traceback(most recent call last):
File "F:\2022上\教学工作\计应213_214\计应213\0316\lx03.py",line 2,in <module>
print(str[6])
IndexError: string index out of range
```

#### 6. AttributeError 异常

AttributeError 异常是使用对象访问不存在的属性时引发的异常。

在元组 a_list 中有两个元素,使用 append() 方法向其追加一个元素。

异常代码如下:

```
a_list = (1,2)
a_list.append(3)
```

此类异常信息如下:

```
Traceback(most recent call last):
File "F:\2022上\教学工作\计应213_214\计应213\0316\lx03.py",line 2,in <module>
a_list.append(3)
AttributeError: 'tuple' object has no attribute 'append'
```

### 5.4.2 处理异常语句

Python 通常使用一些语句捕获处理异常,这些语句的具体格式如下:

```
try:
    <代码块1>        # 可能产生异常的代码
except E1:           # 捕获异常 E1
    <异常 E1 的处理代码块>
...
except En:           # 捕获异常 En
    <异常 En 的处理代码块>
except:              # 捕获其他异常
    <其他异常的处理代码块>
else:
    <无异常时执行的代码块>
finally:
    <不管有无异常都要执行的代码块>
```

Python 按顺序依次捕获异常 E1 至 E$n$，如果异常 E1 至 E$n$ 都没有，则处理其他异常；如果没有捕获到任何异常，则执行 else 之后的代码块。

不管有没有异常，finally 后面的代码块都必须执行。

【例 5.14】 常见的输入错误进行异常处理演示。

代码如下：

```
aa ="abc"
try:
    a,b = eval(input("请输入两个数，以逗号分隔：")) 
    c = a / b
    print("运算结果是："+ str(c))
except ZeroDivisionError:
    print("被零除错误！")
except SyntaxError:
    print("输入格式错误，逗号是不是忘了？")
except NameError:
    print("变量名输入错误！")
except:
    print("输入时出现了其他错误！")
else:
    print("恭喜你，程序运行正常！")
finally:
    print("每个程序都值得好好编写和总结！")
```

（1）当输入 3,5 时，程序正常运行，没有异常。

```
请输入两个数，以逗号分隔:3,5
运算结果是:0.6
恭喜你，程序运行正常！
每个程序都值得好好编写和总结！
```

（2）当输入 3,0 时，出现 ZeroDivisionError 异常。

```
请输入两个数，以逗号分隔:3,0
被零除错误！
每个程序都值得好好编写和总结！
```

（3）当输入 3 5，出现 SyntaxError 异常。

```
请输入两个数，以逗号分隔:3 5
3 5 输入格式错误，逗号是不是忘了？
每个程序都值得好好编写和总结！
```

（4）当输入 bb,5 时，由于变量 bb 并不存在，所以出现 NameError 异常。

```
请输入两个数，以逗号分隔:bb,5
变量名输入错误！
每个程序都值得好好编写和总结！
```

（5）当输入"aa,5"时，变量 a 存在，因为 aa 是字符串类型，不能参加除法运算，所以程序提示出现了其他错误（实际上是 TypeError，只不过程序没有处理）。

```
请输入两个数，以逗号分隔:aa,5
输入时出现了其他错误！
每个程序都值得好好编写和总结！
```

### 5.4.3 捕获异常

调试 Python 程序时，经常会报出一些异常错误。异常的原因一方面可能是写程序时由于疏忽或者考虑不全造成了错误，这时就需要根据异常追踪到出错点，进行分析改正；另一方面，有些异常是不可避免的，但我们可以对异常进行捕获处理，防止程序终止。

Python 既可以直接通过 try-except 语句实现简单的异常捕获与处理的功能，也可以将 try-except 语句与 else 或 finally 子句组合实现更强大的异常捕获与处理的功能。

**1. try-except 语句**

该语句用于捕获程序运行时的异常。

其语法格式如下：

```
try:
    可能出错的代码
except[ 异常类型 [as error]]:
    捕获异常后的处理代码
    ...
```

try-except 语句的执行过程为：解释器优先执行 try 子句中的代码，若 try 子句未产生异常，则忽略 except 子句中的代码；若 try 子句产生异常，则忽略 try 子句的剩余代码，转而执行 except 子句中的代码。try-except 语句的结构如图 5.8 所示。

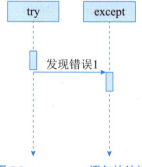

图 5.8  try-except 语句的结构

**2. 与异常相关的关键字**

异常是编程中常见的一种情况，可以通过使用与异常相关的关键字来处理和捕获这些异常。一些与异常相关的关键字（见表 5.2）。

表 5.2　与异常相关的关键字

| 关 键 字 | 说　　明 |
|---|---|
| try/except | 捕获异常并处理 |
| pass | 忽略异常 |
| as | 定义异常实例（except MyError as e） |
| else | 如果 try 中的语句没有引发异常，则执行 else 中的语句 |
| finally | 无论是否出现异常，都执行的代码 |
| raise | 抛出／引发异常 |

【例 5.15】 从键盘输入两个数，计算两个数的商（不加异常捕获）。

```
num1 = eval(input('请输入第一个数：'))
num2 = eval(input('请输入第二个数：'))
div = num1/num2
print('两个数的商为：{}'.format(div))
```

运行结果如下：

```
请输入第一个数：3
请输入第二个数：0
Traceback(most recent call last):
File "F:\2022 上\教学工作\计应 213_214\计应 213\备课用\捕获异常 01.py",line 3,in <module>
    div = num1/num2
ZeroDivisionError: division by zero
```

【例 5.16】 从键盘输入两个数，计算两个数的商（进行异常捕获，但不明确异常类）。

```
num1 = eval(input('请输入第一个数：'))
num2 = eval(input('请输入第二个数：'))
try:
    div = num1/num2
    print('两个数的商为：{}'.format(div))
except:
    print('发生异常，除数为 0')
```

运行结果如下：

```
请输入第一个数：3
请输入第二个数：0
发生异常：除数为 0
Process finished with exit code 0
```

【例 5.17】 从键盘输入两个数，计算两个数的商（进行异常捕获并明确异常类）。

```
num1 = eval(input('请输入第一个数：'))
num2 = eval(input('请输入第二个数：'))
try:
    div = num1/num2
```

```
    print('两个数的商为：{}'.format(div))
except ZeroDivisionError as error:
    print('发生异常，原因：',error)
```

运行结果如下：

```
请输入第一个数：3
请输入第二个数：0
发生异常：原因： division by zero
```

捕获程序运行中的多个异常时，既可以将多个异常以元组元素的形式放在except语句后处理，也可以联合使用多个except语句。

一个except语句代码如下：

```
try:
    print(count)
except (NameError,IndexError) as error:
    print(f"异常原因:{error}")
```

多个except语句代码如下：

```
try:
    print(count)
except NameError as error:
    print(f"异常原因:{error}")
except IndexError as error:
    print(f"异常原因:{error}")
```

捕获程序运行中的所有异常时，既可以将所有异常的父类Exception置于except后面处理，也可以采用省略except后面的异常类型的方式处理。

代码如下：

```
try:
    print(count)
except Exception as error:
    print(f"异常原因:{error}")

try:
    print(count)
except:
    print("程序出现异常，原因未知")
```

### 5.4.4　else 子句

异常即是一个事件，在Python无法正常处理程序时就会发生一个异常。当出现一个错误时，Python脚本就会发生异常，我们需要捕获处理它，否则程序会终止执行。

Python的异常处理中，除了try-except这样的基本结构外，还有另外两个子句，分别是else和finally子句，这两个子句的功能不同。

在 Python 中，try-except 语句主要是用于处理程序正常执行过程中出现的一些异常情况，如语法错误（Python 作为脚本语言没有编译的环节，在执行过程中对语法进行检测，出错后发出异常消息）、数据除零错误、从未定义的变量上取值等；而 try-finally 语句主要用在无论是否发生异常情况，都需要执行一些清理工作的场合，如在通信过程中，无论通信是否发生异常，都需要在通信完成或者发生异常时关闭网络连接。

如果 try 语句没有捕获到任何的错误信息，就不再执行任何 except 语句，而是会执行 else 语句（流程见图 5.9），代码如下：

```
try:
    可能出错的语句...
except:
    出错后的执行语句...
else:
    未出错时的执行语句...
```

图 5.9　try-except 语句流程

【例 5.18】 两数相除。

```
num1 = eval(input('请输入第一个数：'))
num2 = eval(input("请输入第二个数："))
try:
    div = num1 / num2
except:
    print("0 做除数！")
else:
    print('两个数的商为:format(div))
```

通过前面的介绍可知，循环结束有两种方式：一种是正常结束；另一种是使用 break 语句提前结束。Python 语言可以在循环语句中使用 else 子句，对两种不同的循环退出方式进行不同的处理。当循环正常结束时，执行 else 结构中的代码。如果是提前结束循环，则不执行 else 结构中的代码。

带 else 子句的 for 语句的基本使用格式如下：

```
for 循环变量 in 遍历结构：
    代码块 1
```

```
        else:
            代码块 2
```

带 else 子句的 while 语句的基本使用格式如下：

```
while 条件表达式:
    代码块 1
else:
    代码块 2
```

【例 5.19】 判断正整数 $n(n \geq 2)$ 是否为素数（使用 break 语句提前结束）。

根据素数的定义，设计循环，取 $2 \sim n/2$ 之间所有的数，用 $n$ 整除，只要找到一个能被整除的数就结束循环，判定为非素数。当循环正常结束时（也就是没有一个数能被 $n$ 整除），判定 $n$ 是否为素数。

```
n = int(input("请输入一个正整数 n(n>=2):"))
i = 2
while i <= int(n / 2):
    if n % i == 0:
        print(n, "不是素数")
        break
    i = i + 1
else:
    print(n, "是素数")
```

# 习　题

1. 关于 Python 的分支结构，以下选项描述错误的是(　　)。
   A. 分支结构使用 if 关键字
   B. Python 中 if...else 语句用来形成二分支结构
   C. Python 中 if...elif...else 语句用来描述多分支结构
   D. 分支结构可以向已经执行过的语句部分跳转
2. 关于 Python 的无限循环，以下描述中错误的是(　　)。
   A. 无限循环一直保持循环操作，直到循环条件不满足才结束
   B. 无限循环也称为条件循环
   C. 无限循环通过 while 关键字构建
   D. 无限循环需要提前确定循环次数
3. 实现多路分支的最佳控制结构是(　　)。
   A. if                           B. try
   C. if...elif...else             D. if...else
4. 小猴子有一天摘了很多桃子，一口气吃掉一半还不过瘾，就多吃了一个；第二天又吃掉剩下的桃子的一半多一个，以后每天都是吃掉前一天剩余桃子的一半还多一个，到了第

五天再想吃的时候发现只剩下一个了。编写程序,计算小猴子最初摘了多少个桃子。

5. 有一座八层宝塔,每一层都有一些琉璃灯,从上往下每层琉璃灯越来越多,并且每一层的灯数都是上一层的2倍。已知共有765盏琉璃灯,编写程序,求解每层各有多少琉璃灯。

6. 角谷猜想。编写程序,输入一个正整数,如果是偶数就除以2,如果是奇数就乘3再加1,对得到的数字重复这个操作,计算经过多少次之后会得到1,输出所需要的次数。要求检查用户输入是否有效,无效则给出相应的提示,有效再进行上述的计算。

7. 一辆卡车违反交通规则后逃逸。现场有三人目击整个事件,但都没有记住车号,只记下车号的一些特征。甲说:"牌照的前两位数字是相同的";乙说:"牌照的后两位数字是相同的,但与前两位不同";丙是数学家,他说:四位的车牌号刚好是一个整数的2次方。编写程序,根据以上线索求出车号。

# 第6章 函 数

### 本章导语

在 Python 编程中，函数是一种非常重要的工具，它可以将一组操作封装起来，以便在程序中多次调用，实现代码的复用和模块化。本章将深入探讨函数的定义、参数传递、返回值、匿名函数和递归函数等概念，同时通过案例演示函数的实际应用，帮助读者更好地理解和运用函数，提高代码的可读性和可维护性，实现代码的复用和模块化，从而提高编程效率和代码质量。

### 学习目标

（1）熟悉匿名函数与递归函数的使用。
（2）熟练使用函数编写程序。
（3）熟练使用各种参数传递方式调用函数。
（4）具有编写简单的项目程序的能力。
（5）培养独立编写简单项目程序，调用并获得正确结果的能力。

## 6.1 函数基础

### 6.1.1 函数定义

函数是指被封装起来的、用来实现某种功能的一段代码。Python 安装包、标准库中自带的函数统称为内置函数，它们由 Python 内置函数库提供，如前面章节中学习的 print()、input()、type()、int() 等函数；用户自己编写的函数称为自定义函数，自定义函数像一个具有某种特殊功能的容器——将多条语句组成一个有名称的代码段，以实现具体的功能。不管是哪种函数，其定义和调用方式都是一样的。

函数的基本定义格式如下：

```
def 函数名([参数列表]):
    ["函数文档字符串"]
    函数体
    [return 语句]
```

其中，第一行表示 Python 使用 def 关键字定义函数，注意 def 三个字母全部都是小写。def 后面是函数名，函数名一般用英文直译来表示，让人一看就能明白此函数所要表达的功能是什么。函数名后面是圆括号，圆括号中是参数列表，参数可有可无，没有参数时称为无参函数,在调用时不需要传递参数。如果有多个参数,那么中间用逗号隔开,每个参数都有一个名称,它们是函数的变量,不同变量对应的函数值往往不同,这些参数称为函数的形式参数(简称"形参")。圆括号后面的冒号必不可少。

第二行用引号引起来的部分称为注释,一般用于说明函数的功能,可以省略。

第三行是函数体,也就是函数的主要功能描述。

最后一行是 return 语句,将函数的结果返回给调用者,函数执行到 return,代表着函数的结束。

【例 6.1】 无参函数。

```
def weather():
    print("-" * 14)
    print(" 日期: 10 月 8 日 ")
    print(" 温度: 4~18℃ ")
    print(" 空气状况: 良 ")
    print("-" * 14)
```

函数名为 weather,圆括号中没有参数,所以称为无参函数,此函数体分别输出日期、温度和空气状况。

### 6.1.2 使用函数的好处

使用函数有以下四个优点:
(1)将程序分解成更小的块(模块化)。
(2)降低理解难度,提高程序质量。
(3)减小程序体积,提高代码可重用性。
(4)降低软件开发和维护的成本。

函数的使用是一个化繁为简的过程,如一项大工程的完成,团队协作是关键,个人能力是有限的,就像众人拾柴火焰高。

## 6.2 输入和输出函数

### 6.2.1 input() 函数

输入函数 input() 是 Python 标准函数库中的函数。其语法格式如下:

```
字符串变量 = input(" 提示信息 ")
```

其中,函数的参数为提示信息,一般用引号引起来。函数功能是接收用户键盘上输入的信息,并以字符串的形式将其返回。

无论从键盘输入的是数字、单个字符还是任何其他信息,input() 函数都将以字符串的形式返回,存入字符串变量。

下面以判断身体质量指数(BMI)的示例代码举例说明:

```
height = float(input("输入身高 (cm): "))        # 输入身高
weight = float(input("输入体重 (kg): "))        # 输入体重
```

代码执行后,通过 input() 函数接收用户从键盘输入的身高和体重的值,由于 input() 函数返回的是字符串类型,使用 float() 函数强制转换数据类型为 float 浮点型。

根据实际应用计算需求,input() 函数可以与 int、float 等函数结合使用,将用户输入的字符串数字或数值型数字转换为整数或浮点数,用于计算。

### 6.2.2　print() 函数

**1. 函数格式**

在 Python 中,如果向屏幕或者文件中输出信息,那么需要使用输出函数 print()。
print() 函数格式如下:

```
print(*objects, sep=' ', end='\n', file=sys.stdout)
```

print() 函数参数说明如下。
- objects:表示输出的对象,可以输出多个对象。
- sep:表示多个对象的间隔字符,默认为空格。
- end:用于设定以什么结尾,默认为 \n(换行)。
- file:表示数据输出的文件对象。

**注意**:四个参数不一定都有,且参数的位置可以变换。

**2. print() 函数用途**

print() 函数有以下几种用途。
1)打印字符串
示例代码 1:

```
print("努力学习,认真实践")
```

示例代码 2:

```
str = "努力学习,认真实践"
print(str)
```

2)格式化输出
示例代码如下:

```
r = 5                        # 圆的半径
s = 3.14 * r * r             # 计算圆的面积
# 使用 print() 函数输出圆的面积时,进行格式化输出
# %d 指定在字符串中插入整型变量 r, %.3f 指定在字符串中插入浮点型变量 s,且输出时小数点后保留三位小数。
print("%d" % r)
print("%.3f" % s)
```

3）不换行输出

示例代码如下：

```
"""
分别使用print()函数输出str1和str2
输出结果："Hello""World"分两行输出
若想使print后的输出不自动补充换行符,打印后不换行,用end参数可以设置想要的结束符号,
比如在输出str1时,设置结束符号是空格,之后输出str2,输出结果"Hello" "World"在一行输出,
且中间用空格隔开。
"""
str1 = "Hello"
str2 = "World"
print(str1, end=' ')
print(str2)
```

4）设置参数sep,更换间隔字符

示例代码如下：

```
# 通过设置sep参数将间隔字符分别设置为逗号和点号。
a = 'hello world!'
s = 'hello china!!'
print(a, s, sep=',')
print(a, s, sep='.')
```

## 6.3 函数的参数传递

### 6.3.1 函数参数

函数参数是在定义函数时列出的变量,用于接收调用该函数时传递的值。函数参数允许将数据传递给函数,以便函数可以在执行时使用这些数据进行计算、操作或返回结果。在调用函数时,函数参数有实参和形参的区别。

（1）实参的个数必须与形参一致,实参可以是变量、常数和表达式,甚至可以是函数。当实参是变量时,它不一定要与形参同名,实参变量与形参变量是不同的内存变量,其中一个值的变化不会影响另外一个变量。

（2）形参是函数的内部变量,有名称。形参出现在函数定义中,在整个函数体内都可以使用,如果离开该函数,则不可以使用。

函数调用中发生的数据传送是单向的,即只能将实参的值传送给形参,而不能将形参的值反向传送给实参,因此在函数调用过程中,形参的值发生改变,而实参中的值不会变化。

函数可以没有参数,但此时圆括号必不可少。

函数的参数传递是指将实参传递给形参的过程。根据不同的传递形式,函数的参数可分为位置参数、关键字参数、默认值参数和不定长参数。

### 6.3.2 函数的调用

对于已经定义好的函数,函数的调用格式如下:

```
函数名([参数列表])
```

函数名圆括号中放入参数列表即可,调用过程主要是在参数列表中输入参数,通过函数的执行输入参数,并输出执行结果。函数调用时程序的执行顺序如图 6.1 所示。

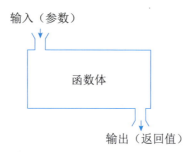

图 6.1　函数调用时程序的执行顺序

在函数调用过程中,不需要给无参函数传入参数,调用时直接使用 weather() 调用即可,定义好的函数直到被程序调用时才会执行。

**【例 6.2】** 无参函数。

```
--------------
日期：10 月 8 日
温度：4~18℃
空气状况：良
--------------
```

对于下面例 6.3 的有参函数,在刚才的无参函数基础上进行修改,给它传入参数,三个形式参数分别为 today、temp 和 air_quality,分别对应输出中的日期、温度和空气状况。

**【例 6.3】** 有参函数。

```
def modify_weather(today, temp, air_quality):
    print("-" * 10)
    print(f"日期：{today}")
    print(f"温度：{temp}")
    print(f"空气状况：{air_quality}")
    print("-" * 10)
```

在调用时输入函数名和参数列表中的参数即可,对于例 6.3 输入 modify_weather('4 月 6 日','15～30℃','优') 即可,调用结果如下:

```
--------------
日期：4 月 6 日
温度：15~30℃
空气状况：优
--------------
```

### 6.3.3 位置参数

位置参数是指在调用函数时,编译器会将函数的实参按照位置顺序依次传递给形参,即在调用函数传递参数时,实参与形参的对应关系是按照位置来依次对应的。如图 5.3 中的三个形参依次为 a、b、c,在调用时传入实参 1、2、3,形参与实参的对应关系为 a=1,b=2,c=3。在此函数中,不仅传递的值的类型不一样,表达的意义也不一样,显而易见,结果也是不一样的。如果实参是数字,则表示数字相加;如果实参是字符,则表示字符串的连接。

【例 6.4】 位置参数示例。
程序代码如下:

```
def fun1(a,b,c):
    Return a+b+c
print(fun1(1,2,3))
```

【例 6.5】 位置参数传递示例。
程序代码如下:

```
fun1(a,b,c)
fun1('爱','中','国')
```

【例 6.6】 编写函数,输出对应信息。
程序代码如下:

```
def info(year, who, address, ):
    content = "%d年7月,%s第一次全国代表大会在%s法租界望志路106号(今兴业路76号)开幕。" %(year,who,address)
    print(content)
info(1921,"中国共产党","上海")
```

具体步骤如下:
(1)使用 def 定义函数;
(2)函数有三个形参;
(3)调用函数,并给函数传递实参。

在例 6.6 中,函数的名字为 info,形参分别为 year、who 和 address,函数体第一行的内容为一串格式化的字符串,字符串名是 content,字符串的内容为"%d 年 7 月,%s 第一次全国代表大会在 %s 法租界望志路 106 号(今兴业路 76 号)开幕。",其中"中国共产党"和地址的类型是字符串,年份是十进制的整数。函数体的第二行内容是输出格式化后的字符串内容。通过调用函数分别传入实参:1921、中国共产党和上海,其中实参 1921 与 year 相对应,中国共产党与 who 对应,上海与 address 对应,在本案例中函数的运行结果是:1921 年 7 月,中国共产党第一次全国代表大会在上海法租界望志路 106 号(今兴业路 76 号)开幕。其中 1921 对应的形参是 year,中国共产党对应的形参是 who,上海对应的形参是 address,调用函数之后的运行结果如下:

> 1921年7月,中国共产党第一次全国代表大会在上海法租界望志路106号(今兴业路76号)开幕。

### 6.3.4 关键字参数

关键字参数是在调用函数传递参数时,按照形参的名称给其赋值,即传递给函数的是键值对。实参和形参按名称进行匹配,实参和形参的位置可以不对应。

在如下的例6.7中,函数名为info,形参为name、age和address,函数体的内容为:第一行输出姓名;第二行输出年龄;第三行输出地址。在调用函数使用键值对传递参数时,其中,name="内蒙古电子信息职业技术学院",age=42,address="内蒙古呼和浩特市赛罕区苏尔干街8号",对函数info进行调用,通过三种方式传递参数,发现以下三种方式都能输出正确结果,只要键值对对应上即可,至于位置哪个在前哪个在后都可以,不影响输出结果。

【例6.7】 形参代码演示。

```
def info(name, age, address):
    print(f'姓名:{name}')
    print(f'年龄:{age}')
    print(f'地址:{address}')
info(name="内蒙古电子信息职业技术学院", age=42, address='内蒙古呼和浩特市赛罕区苏尔干街8号')
info(age=42, name="内蒙古电子信息职业技术学院", address='内蒙古呼和浩特市赛罕区苏尔干街8号')
info(address='内蒙古呼和浩特市赛罕区苏尔干街8号', name="内蒙古电子信息职业技术学院", age=42)
```

输出结果如下:

```
姓名:内蒙古电子信息职业技术学院
年龄:42
地址:内蒙古呼和浩特市赛罕区苏尔干街8号
姓名:内蒙古电子信息职业技术学院
年龄:42
地址:内蒙古呼和浩特市赛罕区苏尔干街8号
姓名:内蒙古电子信息职业技术学院
年龄:42
地址:内蒙古呼和浩特市赛罕区苏尔干街8号
```

### 6.3.5 默认值参数

默认值参数是指在定义函数时可以指定形参的默认值,即可以给形参赋一个值,方便后续使用。

在调用函数时,可分为以下两种情况:第一种,未给默认参数传值,也就是说在调用函数时,不需要给形参传值,使用参数的默认值即可;第二种,给默认参数传值,即使用新传入的实参值,覆盖给定的初始默认值。

【例 6.8】 默认值参数。

```
def connect(IP, port=8080):
    print(f"连接地址为：{IP}")
    print(f"连接端口号为：{port}")
    print("连接成功")
```

函数 connect 有两个形参：一个是 IP；另一个是 port。给形参 port 赋默认值为 8080，函数体中从上到下依次输出：连接地址为通过格式化传入的 IP 值；连接端口号为通过格式化的 port 值；最后输出连接成功。

下面使用两种参数传递方式进行调用。

第一种调用方式：未给默认参数传值，只给 IP 传值，IP 传入的值为 127.0.0.1。

调用后的结果如下：

```
连接地址为：127.0.0.1
连接端口号为：8080
连接成功
```

第二种调用方式：分别给 IP 和 port 传值。给 IP 传值为 127.0.0.1，给 port 传值为 3306。

调用后的结果如下：

```
连接地址为：127.0.0.1
连接端口号为：3306
连接成功
```

可以发现，如果在调用时不给默认值传递参数，就会输出提前设置好的值；如果在调用时给默认值传递一个和定义时不一样的值，原来设置的默认值就会被覆盖掉。

【例 6.9】 参数默认值覆盖。

```
def demo(newitem, old_list=[]):
    old_list.append(newitem)
    print(old_list)
demo('5', [1, 2, 3, 4])
demo('a')
demo('b')
```

上面的代码输出结果如下：

```
[1, 2, 3, 4, '5']
['a']
['a,', 'b']
```

第一个输出结果属于给默认参数传值的情况，将字符 5 传给参数 newitem，将列表 [1,2,3,4] 的值传给 old_list，将原来的默认值覆盖掉，输出列表是将字符 5 添加到默认列表 [1, 2, 3, 4] 之后，结果正确；第二个输出结果属于未给默认参数传值的情况，在空列表中添加元素 a，结果正确；最后一个输出结果也属于未给默认参数传值的情况，其输出结果应该是和第二个的情况一样，而实际情况却是列表中包含了两个元素 a 和 b，结果是错误的。

原因在于默认值参数的赋值只会在函数定义时被解释一次。当使用可变序列作为参数默认值时,一定要谨慎操作。那正确的代码该如何编写呢?

正确代码示例如下:

```python
def demo(newitem, old_list=[]):
    if old_list is None:
        old_list = []
    old_list.append(newitem)
    print(old_list)
demo('5', [1, 2, 3, 4])
demo('a')
demo('b')
```

只需要在原来的函数体中加入一个表示判断的语句,如果 old_list 为 None,则将 old_list 赋值为空列表,这样运行结果就正确了。

改进后的代码运行结果如下:

```
[1, 2, 3, 4, '5']
['a']
['a', 'b']
```

### 6.3.6 不定长参数

不定长参数又称为可变长度参数。顾名思义,在定义函数时如果不确定需要传递多少个参数,那么这种情况下就可以使用不定长参数传递。

不定长参数可分以下两种情况:第一种情况,使用一个星号将按位置传递进来的参数打包成元组类型;第二种情况,使用两个星号(**)将按关键字传递进来的参数打包成字典类型。主要是在定义函数时,在函数的参数列表中,在原本的形参前面加一个星号或者两个星号,以事先确定传递进来的实参是以元组形式还是字典形式输出。二者可以搭配使用,也可以单独使用。

语法格式如下:

```
def 函数名([formal_args,] *args, **kwargs):
    " 函数 _ 文档字符串 "
    函数体
    [return 语句]
```

以上语法格式中的参数 *args 和参数 **kwargs 都是不定长参数,下面分别介绍两个不定长参数的用法。

**1. *args 的用法**

不定长参数 *args 用于接收不定数量的位置参数,调用函数时传入的所有参数被 *args 接收后以元组形式保存。

【例 6.10】 包含 *args 参数的函数。

```python
def test(*args):
```

```
print(args)
```

对其进行不同的调用：

```
test("立德","力行","精技","兢业")
test("富强","民主","文明","和谐","美丽")
```

程序输出结果如下：

```
("立德","力行","精技","兢业")
("富强","民主","文明","和谐","美丽")
```

#### 2. **kwargs 的用法

不定长参数 **kwargs 用于接收不定数量的关键字参数，调用函数时传入的所有参数被 **kwargs 接收后以字典形式保存。

【例 6.11】 定义函数 test，在调用函数的值时，传入关键字参数。

参数 **args 用于接收不定数量的关键字参数，在函数体中输出 args 的值。

```
医生="救死扶伤",教师="躬耕教坛",军人="赤胆忠心",警察="正气凛然",环卫="无私奉献"
```

调用后的输出结果为字典形式，其中等号前面的值作为字典的键，而且是以字符的形式；等号后面的值作为字典的值。对其进行调用，test() 程序输出结果如下：

```
{'医生':'救死扶伤','教师':'躬耕教坛','军人':'赤胆忠心','警察':'正气凛然','环卫':'无私奉献'}
```

例 6.11 中用一个词对不同的职业进行了描述，希望我们能尊重每种职业及其岗位上的人员，相信他们在不同的岗位上都能发挥重要作用，发光发热。

### 6.3.7 参数的混合使用

前面介绍了函数参数的若干种传递方式，这些方式在调用函数时可以混合使用，但是在使用的过程中要注意前后的顺序。例 6.12 定义一个函数，函数名为 func，参数为 a,b,c=0,*args,**kw，参数 a,b 是普通参数，c 是默认值参数，args 是不定长参数中以元组类型输出的参数，kw 是不定长参数中以字典类型输出的参数。在函数体中首先输出 a,b,c 的值，其次输出 args 的值，最后输出 kw 的值。

【例 6.12】 混合使用。

```
def func(a, b, c=0, *args, **kw):
    print(a, b, c)
    print(args)
    print(kw)
```

在调用函数时，我们传入实参 1、2、3，字符 'a'，字符 'b'，以及 x=99，其中参数 a、b 属于普通参数，c 属于默认值参数，默认值为 0，传入 c=3，修改了原本的默认值 0。args 属于可变长度参数中的第一种情况，传入字符 a 和字符 b，传入位置参数以元组形式保存的情况，

kw 属于可变长度参数中传入关键字以字典形式保存的情况。程序运行之后的输出结果如下：

```
1 2 3
{'a','b')
{'x':99}
```

形参与实参的对应关系如图 6.2 所示。

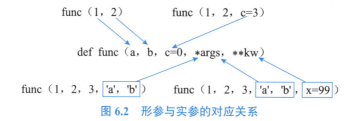

图 6.2　形参与实参的对应关系

### 6.3.8　函数的返回值

函数返回的值被称为返回值。在 Python 中，函数使用 return 语句返回值。
函数返回值的作用如下：
（1）结束当前函数；
（2）将程序返回到函数被调用的位置继续执行；
（3）同时将函数中的数据返回给主程序。

【例 6.13】　函数返回值作用。

```
def is_capital(words):
    if ord("A") <= ord(words[0]) <= ord("Z"):
        return '首字母是大写的'
    else:
        return '首字母不是大写的'
result = is_capital("Python")        # 将函数返回的结果交给变量
print(result)
```

定义一个名为 is_capital 的函数，words 是参数的形参，函数体代码表示。如果传入实参的第一个字符的 ASCII 值在大写字母 A 到大写字母 Z 之间，则返回首字母是大写的；否则，返回首字母不是大写的。在调用函数时，将字符串 Python 当作实参传入，并将调用结果赋值给 result，然后输出 result 的结果，最终运行程序得到结果如下：

```
首字母是大写的
```

在 Python 程序中，如果函数没有 return 语句，或者有 return 语句但是没有执行，或者只有 return 语句而没有返回值，则认为该函数以返回 None 结束。

注意：在调用函数或对象方法时，一定要注意有没有返回值，这决定了该函数或方法的用法。

## 6.4 局部变量和全局变量

变量的作用域是指变量的作用范围。根据作用范围，Python 中的变量分为局部变量与全局变量。

### 6.4.1 局部变量

局部变量是在函数内（包含形参）定义的变量，只在定义它的函数内生效。一旦函数结束，变量的生命周期也会结束，占用的空间会被自动释放。

【例 6.14】 局部变量。

```
def use_var():
    name = 'python'         # 局部变量
    print(name)             # 函数内访问
use_var()
print(name)                 # 函数外访问
```

例 6.14 在函数 use_var 中，将字符串 'python' 赋值给变量 name，此时变量 name 称为局部变量，输出变量 name 的值，调用函数即可输出变量的值。

结果如下：

```
python
```

代码最后一行在函数外单独输出变量 name 的值结果如下：

```
Traceback(most recent call last):
    File "c:\Users\86152\PycharmProjects\demo01 demo.py", line 68, in <module>
        print(name)                 # 函数外访问
NameError: name 'name' is not defined
```

结果报错，提示变量没有被定义，原因在于局部变量 name 只在函数内部起作用，函数外不被识别，由此可知，局部变量只在函数内部有效。

### 6.4.2 全局变量

全局变量是在函数外定义的变量，全局变量的生命周期直到程序结束才会结束，比局部变量生命周期更长。它在程序中任何位置都可以被访问。

【例 6.15】 全局变量示例。

```
name = 'python'             # 全局变量
def use_var():
    print(name)             # 函数内访问
use_var()
print(name)                 # 函数外访问
```

例 6.15 在函数 use_var 中,在函数外给变量 name 赋值为字符串 'python',此时的变量 name 称为全局变量,在函数中输出变量 name 的值。

调用函数输出变量 name 的值结果如下:

```
python
```

在函数外访问变量 name 的值输出结果如下:

```
python
```

由此得出,局部变量就像用班费买的物品,只能是本班级的同学使用,班级外的其他人不可以使用;而全局变量就像是学校的公共设施,学校的老师和同学都可以使用。

【例 6.16】 修改全局变量。

```
name = 'python'
def use_var():
    name = 'java'          # 修改全局变量
    return name
print('函数中name值为: ' + use_var())
print(name)
```

在例 6.16 中,首先定义了全局变量 name 并赋值为字符串 'python',在函数 use_var 中,修改全局变量 name 的值为 'java',并返回 name 的值,最后在函数外部分别输出函数的调用结果和 name 的值。

输出结果如下:

```
函数中name值为: java
python
```

函数中 name 值是字符串 java,函数外 name 的输出值仍然是字符串 'python'。需要注意的是,函数中只能访问全局变量,但不能修改全局变量的值。

【例 6.17】 声明全局变量。

```
count = 10
def use_var():
    global count           # 声明全局变量
    count = 0
    return count
print(use_var())
print(count)
```

例 6.17 中,在函数外给定变量 count 的值为 10,在函数 use_var() 内部,使用关键字 global 对 count 进行全局变量的声明,并修改 count 的值为 0,将它返回给函数,最后调用函数并在函数外输出 count 的结果。

输出结果如下:

```
0
0
```

若要在函数内部修改全局变量的值,需先在函数内使用关键字 global 进行声明。
变量的作用域使用过程中需要注意的事项如下:
(1)局部变量只能在函数内部使用,不能在函数外部使用;
(2)全局变量在程序中任何位置都可以被访问;
(3)若局部变量和全局变量同名,则在函数内隐藏全局变量,只使用同名的局部变量。
总之,变量的作用域分为局部变量和全局变量。局部变量用 local 定义,是在函数内定义的变量,但是只在定义它的函数内生效;全局变量用 global 定义,在整个程序中都会起作用。

```
a = 100              # 这是一个全局变量
def f1():
    a = 3            # 同名的局部变量
    print(a)
f1()
print(a)             # a 仍然是 100,没有变化
```

## 6.5  函 数 举 例

### 6.5.1  内置函数

函数 eval() 是 Python 的内置函数,其作用是返回传入字符串的表达式的结果,参数作为一个 Python 表达式被解析并求值。简单地讲,就是将字符串当成有效表达式来求值并返回计算结果。

```
print(eval('1+2'))           # 输出结果: 3
print(eval('pow(3,2)'))      # 输出结果: 9
# pow() 函数是 Python 的内置函数,它计算并返回 3 的 2 次方的值
```

### 6.5.2  匿名函数

匿名函数(lambda 函数)是一类无须定义标识符的函数,它与普通函数一样可以在程序的任何位置使用,但是在定义时被严格限定为单一表达式。
匿名函数的格式为

```
lambda  <形参列表> :<表达式>
```

lambda 后面跟着一对尖括号,尖括号中是形参列表,再后面是冒号,冒号后面又是一对尖括号,尖括号中是表达式。lambda 表达式可以用来声明匿名函数,即没有函数名称的临时使用的小函数,尤其适合需要一个函数作为另一个函数参数的场合。
lambda 函数的计算结果可以看作函数的返回值,不允许包含其他复杂的语句,但在表

达式中可以调用其他函数。

匿名函数与普通函数的区别如下：

（1）普通函数在定义时有名称，而匿名函数没有名称；

（2）普通函数的函数体中包含有多条语句，而匿名函数的函数体只能是一个表达式；

（3）普通函数可以实现比较复杂的功能，而匿名函数可实现的功能比较简单；

（4）普通函数能被其他程序使用，而匿名函数不能被其他程序使用。

匿名函数包括无参数、一个参数、多个参数和表达式分支四种形式。

### 1. 无参数形式

```
# 无参数
lambda_a = lambda:10
```

等号右边的表达式为 lambda 冒号后面直接跟一个数值即可。

### 2. 一个参数形式

```
# 一个参数
lambda_b = lambda num: num*10
```

等号后面是 lambda，lambda 后面跟着参数，接着是冒号，冒号后面是参数表达式。

### 3. 多个参数形式

```
# 多个参数
lambda_c = lambda a,b,c,d : a+b+c+d
```

lambda 后跟着多个参数，参数之间用逗号隔开，然后是冒号，冒号后面是参数表达式。

### 4. 表达式分支

```
# 表达式分支
lambda_d =lambda x : x if x%2==0 else x+1
```

lambda 后面是要输出的变量值，然后是冒号，冒号后面是表达式分支。

综上所述，lambda 的参数可以是 0 个或多个，并且返回的表达式可以是一个复杂的表达式，只要最后的结果是一个值即可。

【例 6.18】 lambda 作为一个参数传递。

```
def sub(a, b, func):
    print("a = ", a)
    print("b = ", b)
    print("a + b = ", func(a, b))
sub(100, 20, lambda a, b: a + b)
```

本例中函数 sub() 的形参有 a、b 和 func 三个，在函数体中输出 a、b 和 a+b 的值，且 a+b 的值是另一个有两个参数且名为 func 的函数，因为 func 在此代码中没有明确函数体的内容，所以在最后调用函数时使用 lambda 作为临时匿名函数来实现函数 func 的函数体内容，此时的 lambda 作为一个参数被传递到函数 sub() 中。

程序运行后的输出结果如下:

```
a = 100
b = 20
a + b =120
```

sub() 函数中需要传入一个函数,可以使用 lambda 函数,因为 lambda 就是一个函数对象。

【例 6.19】 lambda 作为函数的返回值。

```
def fun(a, b):
    return lambda c: a + b + c
fun_a = fun(1, 100)
print(fun_a(100))
```

在例 6.19 中,fun 函数返回的是一个匿名函数,返回的值是一个函数对象,当我们执行这个函数时,可以得到 lambda 函数的结果。结果如下:

```
201
```

### 6.5.3 递归函数

递归是在定义中直接调用自身的一种方法,它是一个函数过程,通常将一个大型的复杂问题层层转化为一个与原问题相似但规模较小的问题进行求解,即自己调用自己。在实际生活中,我们也应该学习这种"大事化小"的解决问题方法。

递归分为以下两个阶段:递推和回溯。

(1)递推:递归本次的执行都基于上一次的运算结果。

(2)回溯:遇到终止条件时,则沿着递推往回逐级地返回值。递推和回溯是一对相反的过程。

递归有两个要素:第一要素是基例(边界条件),用于确定递归何时终止,也称为递归出口;第二要素是递归模式,也称为递归公式,用于将复杂问题分解成若干子问题的基础结构,也称为递归体。

所以,在设计递归函数时一定要考虑递归函数的出口和递归体的设计。

递归函数的一般形式:

```
def 函数名称(参数列表):
if 基例:
    rerun 基例结果
else:
    return 递归体
```

递归函数在形式上与一般函数的区别主要是递归出口和递归体,在函数体中,如果满足递归出口,则返回递归结果,否则执行递归体。

【例 6.20】 递归函数示例。

```
def fact(n):
    if n == 1:
        return 1
    else:
        return fact(n - 1) * n
```

在例 6.20 中可以看到,函数自己调用自己主要是在递归体中。在实际调用过程中,fact(5) 的最终结果需要知道 fact(4) 的结果,以此类推,一直需要递推到 fact(1),递推结束再进行回溯,从 fact(1) 层层回溯直到计算出 fact(4) 的结果,才可以得到 fact(5) 的结果。递归过程如图 6.3 所示。

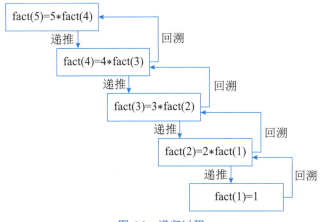

图 6.3 递归过程

【例 6.21】 不死神兔的繁衍生息——神奇的斐波那契数列。

斐波那契数列是由数学家列昂纳多·斐波那契以兔子繁殖为例引入的,兔子繁衍的示意图如图 6.4 所示。

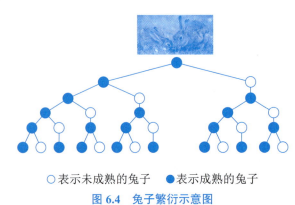

○表示未成熟的兔子　●表示成熟的兔子

图 6.4 兔子繁衍示意图

第一个月有一对兔子,第二个月还是一对兔子,第三个月两对兔子,第四个月三对兔子,第五个月五对兔子,以此类推,可以发现这个数列从第三项开始,它的每一项都等于前两项之和,如图 6.5 所示。

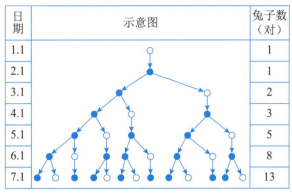

图 6.5 兔子繁衍结果

由此可以得到递归条件和递归体如下：

F(1)=1，F(2)=1，F(n)=F(n-1)+F(n-2)（其中 n>=3，n∈N）

基于以上总结的规律,通过函数实现斐波那契数列步骤如下：
（1）定义函数 rabbit 并设置一个形参；
（2）设置递归体；
（3）调用函数,并给函数传递实参。
具体执行代码如下：

```
def rabbit(n):
    if n==1 or n==2:
        return 1
    else:
        return rabbit(n-1)+rabbit(n-2)
k=int(input("计算斐波那契数列 f(n) 的值，请输入 n 的值："))
print(rabbit(k))
```

首先定义函数 rabbit，参数为 n，根据之前得到的结论，如果 n=1 或者 n=2,则返回 1；否则返回前 n-1 项和前 n-2 项之和，这里要求 n>2，此时用到前 n-1 项和前 n-2 项的结果，属于自己调用自己的过程。运行程序,从键盘输入整数 30,得到如下结果：

```
计算斐波那契数列 F(n) 的值，请输入 n 的值：30
832040
```

递归分为直接调用和间接调用。
直接调用：即自己调用自己。以下示例代码中,在函数 foo() 的函数体中调用 foo() 本身。

```
def foo():
    print("foo...")
    foo()
foo()
```

函数执行流程如图 6.6 所示。

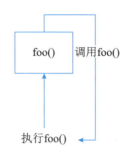

图 6.6　函数执行流程示意图

间接调用:通过间接的方式调用函数。下述示例代码中,在 foo() 函数中调用函数 bar(),在 bar() 函数中再调用 foo() 函数,这样就形成了 foo() 函数对自身的一个间接调用。

示例代码如下:

```python
def foo():
    print("foo...")
    bar()
def bar():
    print("bar...")
    foo()
foo()
```

调用过程中函数执行流程如图 6.7 所示。

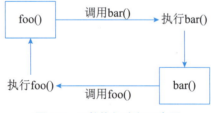

图 6.7　函数执行流程示意图

通过以上讲解可以发现递归函数的优点如下:
(1)递归使代码看起来更加整洁、优雅;
(2)可以用递归将复杂任务分解成更简单的子问题;
(3)使用递归比使用嵌套迭代更容易。

递归函数的缺点如下:
(1)递归的逻辑很难调试、跟进;
(2)递归调用的代价高昂(效率低),因为占用了大量的内存和时间。

## 6.6 案 例 分 析

### 6.6.1 计算器

计算器的发明极大地提高了人们进行数字计算的效率与准确率,无论是超市的收银台,还是集市的小摊位,都能够看到计算器的身影。

有这样一个示例:设计一个简单的四则运算计算器,使计算器具有最基本的加、减、乘、除四项功能,可实现计算两个数的和、差、积、商,并且打印输出计算结果。

**1. 打印主界面**

定义一个名为 print_menu() 的主界面函数,使用 print() 函数打印输出主界面菜单。

**2. 功能函数的定义**

定义一个名为 oper() 的函数,包括两个参数,分别为 parm_one 和 parm_two,主要功能是进行四则运算。然后通过 if、else 多分支结构选择计算符号,实现四则运算。任务程序实现定义函数 oper(),根据提示从键盘输入运算符,并将输入的运算符赋值给 operator,使用 if、else 多分支判断 operator 的值是加、减、乘、除中的哪一种,根据判断结果分别进行运算。需要注意的是,如果选择的是除法,且被除数是 0,则给出提示:被除数不能为 0。

**3. 主函数的定义调用**

定义一个主函数 oper(),实现相应功能;调用主函数 oper(),实现四则运算。

示例代码如下:

```python
def oper(parm_one, parm_two):
    operator = input('请选择要执行的运算符: +、-、*、/' + '\n')
    if operator == "+":
        print("计算结果为:", +parm_one + parm_two)
    elif operator == '-':
        print("计算结果为:", parm_one - parm_two)
    elif operator == '*':
        print("计算结果为:", parm_one * parm_two)
    elif operator == '/':
        if parm_two == 0:
            print('被除数不能为0')
        else:
            print("计算结果为:", parm_one / parm_two)
num_one = int(input('请输入第一个数: '))
num_two = int(input('请输入第二个数: '))
oper(num_one, num_two)
```

以上代码首先定义了一个包含两个参数 parm_one 和 parm_two 的 oper() 函数,该函数中接收用户输入的运算符 operator,并根据不同的 operator 执行相应的运算,然后接收用户输入的两个数 num_one 和 num_two,最后调用 oper() 函数。输入不同的参数,运行结果不同。

(1)运行程序,在控制台依次输入"10""10""*"之后的结果如下:

```
请输入第一个数：10
请输入第二个数：10
请选择要执行的运算符：+、-、*、/
*
计算结果为：100
```

（2）运行程序，在控制台依次输入"88""8""/"之后的结果如下：

```
请输入第一个数：88
请输入第二个数：8
请选择要执行的运算符：+、-、*、/
/
计算结果为：11.0
```

（3）运行程序，在控制台依次输入"43""0""/"之后的结果如下：

```
请输入第一个数：43
请输入第二个数：0
请选择要执行的运算符：+、-、*、/
/
被除数不能为 0
```

### 6.6.2 手机通讯录

在实际生活中，几乎每个人都有一部手机，而且手机里都有通讯录，学过函数之后我们来设计一个通讯录，模拟手机通讯录中的各项功能。

**【例 6.22】** 设计一个手机通讯录，打印输出其功能菜单，并且手机通讯录具有最基本的添加联系人、删除联系人、修改联系人、查找联系人和显示联系人的功能，每个功能可以抽象成一个函数，在程序执行的过程中调用即可。

需要定义的函数如下：

（1）定义一个名为 print_menu() 的主界面函数，使用 print() 函数打印输出主界面菜单；
（2）定义 add_person_info() 函数增加联系人信息；
（3）定义 show_person_info() 函数查看通讯录信息；
（4）定义 find_person_info() 函数查找联系人信息；
（5）定义 modify_person_info() 函数修改联系人信息；
（6）定义 del_person_info() 函数删除联系人信息。

具体的步骤如下。

（1）在函数中分别通过 new_name、new_phone、new_email 和 new_address 提示并获取联系人的姓名、联系方式、邮箱和地址，其中 new_info 为一个空字典，通过字典的 update 方法给字典更新内容，最后通过列表的 append 方法将字典内容添加到列表 person_info 中。

（2）定义函数 show_person_info() 查看通讯录信息，在函数中按照"序号、姓名、联系方式、邮箱、地址"的顺序显示，起始序号定为 1，通过 for 循环遍历列表 person_info，将输出信息进行格式化排版，循环体结束对序号加 1。

（3）通过find_person_info()函数实现查找联系人功能,如果列表person_info不为空,输入要查找联系人的姓名;否则输出手机通讯录为空。当列表person_info不为空时,将find置为False,遍历联系人列表,查找到联系人,将find置为True,并按照字典的遍历方式以键值对输出,如果find仍然为False,表示未找到,输出联系人不在手机通讯录中。

（4）使用函数modify_person_info()修改联系人信息,同样需要先判断存储联系人信息的列表person_info是否为空,不为空给出提示:请输入要修改的联系人姓名,将find置为False,接下来遍历联系人,如果要修改的联系人在通讯录中,将find置为True。通过字典键值对的方式输出联系人的原信息,然后调用添加联系人函数,实现联系人信息的修改。

（5）修改时提示并获取联系人的联系方式、邮箱和地址,接着以关键字参数方式更新联系人信息,并提示信息已修改成功。如果find值为False,提示联系人不在手机通讯录中,最后是与函数开始判断不为空相互呼应,如果列表person_info为空,输出手机通讯录为空。

（6）定义函数del_person_info()删除联系人信息,在删除联系人之前,首先判断保存联系人的列表person_info是否为空,不为空才能删除,并将find赋值为False。在删除时主要是通过联系人的姓名来确定删除的信息,然后通过循环遍历列表person_info,如果要删除的联系人在通讯录中,将find赋值为True,首先输出联系人的信息。

（7）要求用户确认删除操作,并给出删除提示信息。如果用户确认删除用Yes表示,使用列表的remove方法删除用户的一系列相关信息,否则提示输入有误,请重新输入。如果find仍然赋值为False,给出提示输入的姓名不在手机通讯录中,但是,如果用户输入的姓名不在列表中,给出提示手机通讯录为空。

代码实现如下:

```python
# 1. 定义打印函数
def print_menu():
    print("=" * 20)
    print(' 欢迎使用通讯录：')
    print("1. 添加联系人")
    print("2. 查看通讯录")
    print("3. 查找联系人")
    print("4. 修改联系人")
    print("5. 删除联系人")
    print("6. 退出 ")
    print("=" * 20)
# 2. 定义添加联系人函数
def add_person_info():
    # 提示并获取联系人的姓名
    new_name = input('请输入新联系人的姓名：')
    # 提示并获取联系人的联系方式
    new_phone = input('请输入联系人的联系方式：')
    # 提示并获取联系人的邮箱
    new_email = input('请输入新联系人的邮箱：')
    # 提示并获取联系人的地址
    new_address = input('请输入新联系人的地址：')
    new_info = dict()
    new_info['name'] = new_name
    new_info['phone'] = new_phone
```

```python
            new_info['email'] = new_email
            new_info['address'] = new_address
            new_info.update(name=new_name,phone=new_phone,email=new_email,address=new_address)
        person_info.append(new_info)
        print('信息保存成功！')
    # 3. 定义查看通讯录，即显示所有联系人信息函数
    def show_person_info():
        print('联系人的信息如下：')
        print('=' * 30)
        print('序号    姓名    联系方式    邮箱    地址')
        i = 1
        for person in person_info:
            print("{:^3} {:^6} {:^6} {:^6} {:^6}".format(i, person['name'], person['phone'], person['email'], person['address']))
            i += 1
    # 4. 定义查找联系人信息函数
    def find_person_info():
        if len(person_info) != 0:
            name = input('请输入要查找联系人的姓名：')
            find = False
            # 遍历联系人列表，查找联系人
            for person in person_info:
                if name in person.values():
                    find = True
                    for key, value in person.items():
                        print(key, ':', value)
                    # print(person)
            if find == False:
                print(f'{name}不在手机通讯录中！')
        else:
            print('手机通讯录为空！')
    # 5. 定义修改联系人信息函数
    def modify_person_info():
        if len(person_info) != 0:
            name = input('请输入要修改的联系人姓名：')
            find = False
            # 遍历联系人列表，查找联系人
            for person in person_info:
                if name in person.values():    # 如果要修改的联系人在通讯录中
                    find = True
                    # 首先，输出联系人的原信息
                    for key, value in person.items():
                        print(key, ':', value)
                    # 接着，调用添加联系人函数，实现联系人的修改
                    # 提示并获取联系人的联系方式
                    new_phone = input('请输入联系人的联系方式：')
                    # 提示并获取联系人的邮箱
                    new_email = input('请输入新联系人的邮箱:')
```

```python
                    # 提示并获取联系人的地址
                    new_address = input('请输入新联系人的地址：')
                    person.update(name=name, phone=new_phone, email=new_email, address=new_address)
                    print(f'联系人{name}信息已修改成功')
            if find == False:
                print(f'{name}不在手机通讯录中！')
        else:
            print('手机通讯录为空！')
# 6. 定义删除联系人信息函数
def del_person_info():
    if len(person_info) != 0:
        name = input('请输入要删除的联系人姓名：')
        find = False
        # 遍历联系人列表，查找联系人
        for person in person_info:
            if name in person.values():    # 如果要删除的联系人在通讯录中
                find = True
                # 首先，输出联系人的原信息
                for key, value in person.items():
                    print(key, ':', value)
                # 接着，要求用户确认删除操作
                quit_confirm = input('亲，真的要退出么？(Yes or No):')
                if quit_confirm == 'Yes':
                    person_info.remove(person)
                else:
                    print('输入有误，请重新输入')
            if find == False:
                print(f'{name}不在手机通讯录中！')
    else:
        print('手机通讯录为空！')
# 7. 主函数
def main():
    while True:
        print_menu()    # 打印菜单
        key = input("请选择功能：")    # 获取用户输入的序号
        if key == '1':    # 添加联系人信息
            add_person_info()
        elif key == '2':    # 查看所有联系人的信息
            show_person_info()
        elif key == '3':    # 查找联系人的信息
            find_person_info()
        elif key == '4':    # 修改联系人的信息
            modify_person_info()
        elif key == '5':    # 删除联系人的信息
            del_person_info()
        elif key == '6':
            quit_confirm = input('亲，真的要退出么？(Yes or No):')
            if quit_confirm == 'Yes':
                print('系统退出成功！')
```

```
                break    # 跳出循环
            else:
                print('输入有误,请重新输入')
        else:
            print('输入有误,请重新输入1～6的整数。')
if __name__ == '__main__':
    # 新建一个列表,用来保存联系人的所有信息
    person_info = []
    main()
```

其中:
- 定义 main() 函数,调用 print_menu() 函数打印菜单,给出提示进行功能选择;
- 添加联系人的函数为 add_person_info();
- 查看通讯录的函数为 show_person_info();
- 查找联系人信息的函数为 find_person_info();
- 修改联系人信息的函数为 modify_person_info();
- 删除联系人信息的函数为 del_person_info();
- 是否退出系统,根据提示可以退出或者不退出,如果输入不在1～6,提示输入有误,请重新输入1～6的整数。

运行程序,在控制台输入"1"之后的结果如下:

```
====================
欢迎使用通讯录:
1.添加联系人
2.查看通讯录
3.查找联系人
4.修改联系人
5.删除联系人
6.退出
====================
请选择功能:1
请输入新联系人的姓名:李丽
请输入联系人的联系方式:123
请输入新联系人的邮箱:123
请输入新联系人的地址:123
====================
欢迎使用通讯录:
1.添加联系人
2.查看通讯录
3.查找联系人
4.修改联系人
5.删除联系人
6.退出
====================
请选择功能:
```

在控制台输入"2"之后的结果如下:

```
请选择功能：2
联系人的信息如下：
==============================
序号    姓名    联系方式    邮箱    地址
 1     李丽     123       123     123
==============================
欢迎使用通讯录：
1．添加联系人
2．查看通讯录
3．查找联系人
4．修改联系人
5．删除联系人
6．退出
----------------------
请选择功能：
```

在控制台输入"6"之后的结果如下:

```
====================
欢迎使用通讯录：
1．添加联系人
2．查看通讯录
3．查找联系人
4．修改联系人
5．删除联系人
6．退出
====================
请选择功能：6
亲，真的要退出么？(Yes or No):Yes
系统退出成功！
```

在控制台输入"4"之后的结果如下:

```
====================
请选择功能：4
请输入要修改的联系人姓名：张三
name ：张三
phone :123
email :890
address ：和技术开发的是
请输入联系人的联系方式：0471
请输入新联系人的邮箱:126@qq.com
请输入新联系人的地址：内蒙古电子信息职业技术学院联系人
张三信息已修改成功
====================
```

当然,这只是部分功能添加联系人和修改联系人运行结果,其他功能请读者自行运行。

## 习 题

1. 下列选项中不属于函数优点的是(　　)。
   A. 减少代码重复　　　　　　　　　B. 使程序模块化
   C. 使程序便于阅读　　　　　　　　D. 便于发挥程序员的创造力
2. 下列关于函数的说法正确的是(　　)。
   A. 函数定义时必须有形参
   B. 函数中定义的变量只在该函数体中起作用
   C. 函数定义时必须带 return 语句
   D. 实参和形参的个数可以不相同,类型可以任意
3. 创建匿名函数的关键字是(　　)。
   A. function　　　　　　　　　　　B. lambda
   C. def　　　　　　　　　　　　　 D. public
4. 以下关于模块说法错误的是(　　)。
   A. 一个 xx.py 就是一个模块
   B. 任何一个普通的 xx.py 文件可以作为模块导入
   C. 模块文件的扩展名不一定是 .py
   D. 运行时会从制定的目录搜索导入模块,如果没有,会报错异常
5. 编写函数,根据公式 $C_n^i = C_{n-1}^i + C_{n-1}^{i-1}$ 计算组合数,然后编写程序调用定义的函数。
6. 编写函数,输入两个整数,返回这两个整数的最大公约数,然后使用这个函数计算任意多个正整数的最大公约数。要求不能使用标准库 math 中的函数 gcd()。
7. 假设有一段很长的楼梯,小明一步最多能上 3 个台阶,编写程序,使用递归法计算小明到达第 $n$ 个台阶有多少种上楼梯的方法。
8. 使用函数计算圆的面积,结果保留两位小数。提示:π 的导入可以使用 from math import pi。
9. 汉诺塔问题是一个经典的问题。汉诺塔( Hanoi Tower )又称河内塔,源于印度一个古老传说。大梵天创造世界的时候做了三根金刚石柱子,在一根柱子上从下往上按照大小顺序摞着 64 片黄金圆盘。大梵天命令婆罗门把圆盘从下面开始按大小顺序重新摆放在另一根柱子上,并且规定任何时候在小圆盘上都不能放大圆盘,且在三根柱子之间一次只能移动一个圆盘。应该如何操作? 请编写代码解决此问题。

# 第 7 章　文件和数据格式化

### 本章导语

文件是计算机中存储数据的一种重要方式,而数据的组织形式涵盖了多种维度和格式。在本章中,我们将深入探讨如何操作文件,包括打开、关闭、读取和写入文件,以及如何处理不同维度的数据。

在 Python 编程中,处理文件和数据格式化是至关重要的技能,因为它们为数据的存储、读取和交换提供了基础框架。通过本章内容的学习,希望读者掌握处理文件和数据格式化的基本技能,能够灵活地读取、写入和处理各种类型的数据,并了解不同数据维度的存储和处理方式,为实际问题的解决提供更多的可能性和选择。

### 学习目标

(1)掌握 Python 标识符、常量和变量使用的语法格式。
(2)掌握 Python 实现文件的打开与关闭的语法格式。
(3)掌握 Python 实现文件写入、读取数据的语法格式。
(4)熟练使用 Python 实现对文件的打开、关闭操作。
(5)熟练使用 Python 实现从文件中读取数据的操作。
(6)熟练使用 Python 实现向文件中写入数据的操作。

## 7.1　文件的操作

文件是长期存储在辅助存储设备上的一段数据流,可以反复使用及修改。例如,文本文件、日志文件、数据库文件、图像文件、声音文件、视频文件和可执行文件等,这些文件都以不同的形式存储在各种计算机的存储设备中。文件可以分为文本文件和二进制文件两种。

文本文件一般由具有统一字符编码的字符组成,能用文本处理程序(如记事本打开)。二进制文件一般没有统一的字符编码,直接由 0 和 1 组成,无法用记事本或其他字处理软件正常打开,因此也无法直接阅读和理解,需要正确的软件才能正常打开阅读。例如,可执行文件 calc.exe 也可以用 HexEditor 等十六进制编辑器打开查看和进行修改,但需要我们对这种类型的文件结构有深入的了解。

### 7.1.1　文件打开

open() 方法用于打开一个文件,并返回文件对象。在对文件进行处理时,需要使用到

open() 函数，如果该文件无法被打开，则抛出"OSError 异常"。

> **注意**：使用 open() 方法打开文件，处理完成后一定要保证关闭文件对象，即调用 close() 方法。而且 open() 函数常用形式是接收两个参数：文件名（file）和模式（mode）。

语法格式如下：

```
open(file, mode='r')
```

参数说明如下。
- file：必需，文件路径（相对或者绝对路径）；
- mode：可选，文件打开模式。

文件打开模式见表 7.1。

表 7.1 文件打开模式

| 打开模式 | 名 称 | 描 述 |
|---|---|---|
| r | 只读模式 | 默认值；如果文件不存在，返回 FileNotFoundError |
| w | 覆盖写模式 | 文件不存在则创建，存在则完全覆盖 |
| x | 创建写模式 | 文件不存在则创建，存在则返回 FileExistsError |
| a | 追加写模式 | 文件不存在则创建，存在则在文件最后追加内容 |
| b | 二进制文件模式 | 以二进制文件模式操作 |
| t | 文本文件模式 | 默认值，以文本文件模式操作 |
| + | 可读可写 | 与 r/w/x/a 一同使用，在原功能基础上增加同时读写功能 |

**【例 7.1】** 以只读模式打开 D 盘根目录下名为 "text1.txt" 的文件。

```
# 语句1：
file1 = open(" D:/text1.txt "," rt ")
# 语句2：
file1 = open(" D:/text1.txt ")
```

**【例 7.2】** 同时以读和覆盖写的模式，打开 D 盘根目录下名为 "music1.mp3" 的音频文件。

```
# 语句1：
file2 = open("D:/music1.mp3", "wb+")
# 语句2：
file2 = open("music1.mp3 ", " wb+")
```

**【例 7.3】** 文件操作时的异常处理。

```
try:
    file1 = open("D:\demo1.txt", 'r')
    print(file1.read())
except FileNotFoundError:
    print("异常！文件不存在！")
finally:
    file1.close()
```

## 7.1.2 文件关闭

文件关闭的命令格式为：文件对象 .close()。

关闭文件是指当处理完一个文件后，调用 close() 方法关闭文件并释放系统的资源。文件关闭后，如果尝试再次调用该文件对象，则会抛出异常。忘记调用 close() 的后果是数据可能只写了一部分到磁盘，剩下的则丢失了，或是其他更糟糕的结果。

**【例 7.4】** 文件打开和关闭操作。

```
file1 = open("D:\demol.txt", 'r')
file1.read()
file1.close()
```

### 1. close() 函数关闭文件

程序执行完毕后，系统会自动关闭由该程序打开的文件，但考虑系统资源和系统性能，编写程序时应使用 close() 函数主动关闭不再使用的文件。

当程序写信息到文件对象时，此时磁盘文件是没有变化的，只有使用 close() 函数关闭文件后，磁盘文件的变化才会显现。

### 2. with 语句

Python 的 with 语句提供了一种非常方便的处理方式。

with 语句在文件处理场景的具体语法格式如下：

```
with open() 函数 as 文件句柄;
```

此时，with 语句的作用是：可预定义清理操作，以实现文件的自动关闭。

**【例 7.5】** 文件写入案例。

```
with open("file1.txt", "w+") as f:
    f.write("你好!")
```

## 7.2 文件的处理

### 7.2.1 文件读取

Python 语言提供了四种文件的读取方法，分别是 read(size)、readline()、readlines() 和遍历。

#### 1. read(size)

read(size) 表示读取 size 大小的数据，然后作为字符串或字节对象返回。size 是一个可选的数字类型的参数，用于指定读取的数据量。如果 size 被忽略或者为负值，那么该文件的所有内容都将被读取并且返回。

下面打开一个 f 文件对象（1.txt），并将文件所有内容打印出来，示例代码如下：

```
f= open("1.txt","r")
str = f.read()
```

```
print(str)
f.close()
```

当文件体积较大时,不要使用 read() 方法一次性读入内存,而是使用 read(size) 方法逐步读入内存。

### 2. readline()

readline() 表示从文件中读取一行内容,换行符为 '\n'。如果返回一个空字符串,说明已经读取到最后一行。这种方法通常是在读一行处理一行的情况下使用。

示例代码如下:

```
f= open("1.txt","r")
str = f.readline()
print(str)
f.close()
```

### 3. readlines()

readlines() 表示将文件中所有的行逐行全部读入一个列表内,按顺序逐个作为列表的元素,并返回该列表。readlines() 方法会一次性将文件全部读入内存,所以存在一定的弊端,但是它也有个好处,就是每行都保存在列表里,可随意存取。

示例代码如下:

```
f= open("1.txt","r")
a = f.readlines()
print(a)
f.close()
```

### 4. 遍历文件

实际应用中,我们会将文件对象作为一个迭代器使用。

示例代码如下:

```
# 打开一个文件
f= open("1.txt", "r")
for line in f:
    print(line, end="")
# 关闭打开的文件
f.close()
```

这个方法很简单,不需要将文件一次性读出,但是同样没有提供一个很好的控制,与 readline() 方法一样只能前进,不能后退。

将几种不同的读取和遍历文件的方法进行比较。

(1)如果文件很小,read() 一次性读取最方便。

(2)如果不能确定文件大小,反复调用 read(size) 比较保险。

(3)如果是配置文件,则调用 readlines() 最方便。如果是普通文件,则使用 for 循环更好,速度更快。

## 7.2.2 文件写入

Python 提供了两种文件的写入方法,分别是 write() 和 writelines()。

**1. write()**

使用 write() 可以实现向文件写入数据。

示例代码如下:

```
f = open("foo.txt", "w")
f.write("Python 是一种非常好的语言。\n 我喜欢 Python!!\n")
# 关闭打开的文件
f.close()
```

**2. writelines()**

writelines() 方法用于向文件中写入字符串序列。这个字符串序列可以是由迭代对象产生的,如字符串列表。换行需要指定换行符"\n"。

writelines() 方法语法如下:

```
fileObject.writelines([ str ])
```

参数 str 是要写入文件的字符串序列。

writelines() 方法没有返回值。

打开当前路径下的 test.txt 文件并写入两行内容:好好学习和天天向上。

示例代码如下:

```
# 打开文件
fo = open("test.txt", "w")
print(" 文件名为:", fo.name)
seq = [" 好好学习 \n", " 天天向上 "]
fo.writelines(seq)
# 关闭文件
fo.close()
```

上述代码的执行结果如下:

```
文件名为: test.txt
```

可以发现文件 test.txt 中已写入如下内容:

```
好好学习
天天向上
```

## 7.3 数据分类

除了单一的数据,更多的数据需要按照一定的方式组织起来,以便在程序的存储器中存储。按照数据的组织方式不同,数据可以划分为一维数据、二维数据和高维数据。本书主要介绍一维数据和二维数据。一维数据是由对等关系的有序数据或无序数据构成的,采用线性组织方式。二维数据是由多个一维数据构成的,是一维数据的维合形式。

### 7.3.1　一维数据

一维数据对应数组和集合的概念,在 Python 中可以用列表、元组或者集合表示。如果数据是有序数据,则用列表和元组表示;如果数据是无序数据,则用集合表示。例如,列表 ls1=["李白"," 杜甫"," 白居易 "],集合 s={" 李白 "," 杜甫 "," 白居易 "},元组 tp=(" 李白 "," 杜甫 "," 白居易 ")。

**1. 一维数据的存储**

一维数据有多种存储方式,通常采用特殊分隔符进行存储。

(1)用空格分隔。例如:

李白 杜甫 白居易

(2)用逗号分隔。例如:

李白,杜甫,白居易

(3)用特殊符号分隔。例如:

李白 # 杜甫 # 白居易

**2. 一维数据的处理**

下面以 CSV 格式文件为例,介绍一维数据的处理。

从 CSV 文件读入一维数据后,可以用 split() 函数分隔存放到列表。如果将一维列表数据写入 CSV 文件中,用 join() 函数将一维列表的各个元素用逗号连接起来写入文件即可。

【例 7.6】 一维数据的读入。

首先,利用 Excel 建立"7.1.csv 文件",输入"李白,杜甫,白居易",如图 7.1 所示。

|   | A | B | C | D |
|---|---|---|---|---|
| 1 | 李白 | 杜甫 | 白居易 |   |
| 2 |   |   |   |   |
| 3 |   |   |   |   |
| 4 |   |   |   |   |

图 7.1　7.1.csv 文件

接下来,将 7.1.csv 文件的内容存入列表 ls 中,代码如下:

```
fo = open("7.1.csv", "r")
str = fo.read()                  # 读出文件所有内容,结果为字符串
str = str.replace("\n", "")      # 去掉末尾换行符
ls = str.split(",")              # 以逗号分隔 str 字符串,并将元素存入列表 ls
print(ls)
fo.close()
```

输出为一个一维列表,运行结果如下:

```
[' 李白 ',' 杜甫 ',' 白居易 ']
```

【例 7.7】 一维数据的写入。

```
fo = open("7.2.csv", "w")
ls = ["李白", "杜甫", "白居易"]
str = ",".join(ls)        # 将列表内的元素用逗号连接起来保存到 str 中
fo.write(str)             # 将 str 写入文件
fo.close()
```

运行后打开 7.2.csv 文件,结果与图 7.1 相同。

## 7.3.2 二维数据

二维数据对应表的概念,在 Python 中可以用二维列表表示。例如,ls2=[["陶渊明","孟浩然","王维"],["高适","岑参","王之涣"],["杜甫","辛弃疾","陆游"]]。ls2 列表中的每一个元素又是一个一维列表。二维列表是由多个一维列表组成的。

**1. 二维数据的存储**

二维数据由多个一维数据组成。这里介绍 CSV 格式文件,可用于存储一维、二维数据,这是一种通用的文件存储格式,广泛应用于商业和科学领域。CSV 格式是一种逗号分隔值(Comma-Separated Values,CSV)的文件存储方式,其文件以纯文本形式存储数据。CSV 文件是指具有以下特征的文件:

(1)纯文本格式,文件存储的是字符序列;
(2)开头不留空行,以行为单位;
(3)可包含或者不包含列名,如果包含列名,则放在文件的第一行;
(4)文件由记录组成,每一行是一条记录;
(5)每行记录的数据之间用半角逗号作为分隔符,列为空,也要保留逗号。

例如,前面的二维列表在文件中可按以下形式保存:

陶渊明,孟浩然,王维
高适,岑参,王之涣
杜甫,陆游,辛弃疾

**2. 二维数据的处理**

二维数据的处理包括二维数据从 CSV 格式文件读入二维列表、二维列表元素的处理以及二维列表写入 CSV 格式文件中。

【例 7.8】 从 CSV 格式文件读入二维列表中。

首先,利用 Excel 输入以下内容,另存为"7.3.csv"格式文件,如图 7.2 所示。

| A | B | C | D | E |
|---|---|---|---|---|
| 陶渊明 | 孟浩然 | 王维 | | |
| 高适 | 岑参 | 王之涣 | | |
| 杜甫 | 辛弃疾 | 陆游 | | |
| | | | | |

图 7.2　7.3.csv 格式文件

接下来,从 7.3.csv 文件中读入内容并保存到二维列表 ls 中,代码如下:

```
fo = open("7.3.csv", "r")
ls = []
for line in fo:                          # line 表示文件中的每一行,行尾有换行符
    line = line.replace("\n", "")        # 将换行符替换为空字符串
    ls.append(line.split(","))           # 将行字符串分隔为一维列表并追加
print(ls)
fo.close()
```

例 7.8 中,用 for 循环遍历每一行,然后对每行处理为一维列表并追加到二维列表中。运行后列表 ls 是一个二维列表,内容如下:

[['陶渊明','孟浩然','王维'],['高适','岑参','王之涣'],['杜甫','辛弃疾','陆游']]

【例 7.9】 二维数据的写入。

```
fo = open("7.4.csv", "w")
ls = [["陶渊明", "孟浩然", "王维"], ["高适", "岑参", "王之涣"], ["杜甫",
"辛弃疾", "陆游"]]
for line in ls:                     # line 为 ls 中的每一个一维列表
    str = ",".join(line)            # 将一维列表元素之间用逗号连接为字符串
    str += "\n"                     # 字符串末尾加上换行符,以便写入文本时换行
    fo.write(str)                   # 写入字符串
fo.close()
```

例 7.8 中,用 for 循环遍历每个一维列表,将每个一维列表处理成一个元素并且之间用逗号连接,尾部带有换行符的一个字符串,然后写入文件。运行后打开 7.4.csv 文件,如图 7.3 所示。

| A | B | C | D | E |
|---|---|---|---|---|
| 陶渊明 | 孟浩然 | 王维 | | |
| 高适 | 岑参 | 王之涣 | | |
| 杜甫 | 辛弃疾 | 陆游 | | |
| | | | | |

图 7.3　7.4.csv 文件

## 7.4　序列化模块

### 7.4.1　pickle

二进制文件不能使用记事本或其他文本编辑软件正常读写,也无法通过 Python 的文件对象直接读取和理解二进制文件的内容。只有准确理解二进制文件结构和序列化规则,才能准确地理解其中的内容,并设计正确的反序列化规则。

所谓序列化,就是将内存中的数据在不丢失其类型信息的情况下转换成对象的二进制形式的过程,对象序列化后的形式经过正确的反序列化过程,能够准确无误地恢复为原来的对象。常用的序列化模块有 pickle、struct、json、marshal 和 shelve。

其中,pickle 是较为常用且速度非常快的二进制文件序列化模块。

【例 7.10】 使用 pickle 模块写入二进制文件。

示例代码如下:

```
import pickle
f3 = open('s3.dat', 'wb')
n = 5
a = 365
b = 3.14
s = 'HELLO 你好 '
list = [1, 3, 5, 7]
dic = {'r': 'red', 'g': 'green', 'b': 'blue'}
try:
    pickle.dump(n, f3)
    pickle.dump(a, f3)
    pickle.dump(b, f3)
    pickle.dump(s, f3)
    pickle.dump(list, f3)
    pickle.dump(dic, f3)
except:
    print(' 写文件异常 ')
finally:
    f3.close()
```

该例的含义如下:

(1)在当前目录下创建 s3.dat 文件,并向该文件中写入内容,然后关闭文件 f3;

(2)双击 s3.dat 文件,显示文件无法打开。

【例 7.11】 读取例 7.4 中写入二进制文件的内容。

示例代码如下:

```
import pickle
f4 = open('s3.dat', 'rb')
i = 0
n = 5
while i < n:
    x = pickle.load(f4)
    print(x)
    i += 1
5
365
3.14
HELLO 你好
[1,3,5,7]
```

该例的含义是程序可以读取示例中的二进制文件。

### 7.4.2 JSON

JSON（JavaScript Object Notation）是一种轻量级的数据交换格式，它基于 ECMAScript 的一个子集，采用完全独立于语言的文本格式来存储和表示数据。Python 内置了对 JSON 数据的解析和生成的支持，可以方便地在 Python 对象和 JSON 数据之间进行转换。

在 Python 中，可以使用 json 模块将 Python 对象转换为 JSON 格式的数据。

基本数据类型（如整数、浮点数、字符串、布尔值、列表、元组和字典）都可以直接转换为 JSON 格式的数据。

示例代码如下：

```python
import json
# Python 对象
data = {
    "name": "张三",
    "age": 30,
    "is_student": False,
    "scores": [90, 85, 88]
}
# 转换为 JSON
json_data = json.dumps(data)
print(json_data)
```

对于自定义的 Python 对象，需要实现一个 to_dict 方法或者类似的方法，将其转换为字典，然后再转换为 JSON 格式的数据。

示例代码如下：

```python
import json
class Person:
    def __init__(self, name, age):
        self.name = name
        self.age = age
    def to_dict(self):
        return {"name": self.name, "age": self.age}
person = Person("李四", 25)
person_dict = person.to_dict()
json_data = json.dumps(person_dict)
print(json_data)
```

同样，也可以使用 json 模块将 JSON 数据转换为 Python 对象，还可以使用 json.loads 方法将 JSON 字符串转换为 Python 字典。

示例代码如下：

```python
import json
json_data = '{"name": "王五", "age": 35}'
data = json.loads(json_data)
```

```
print(data)    # 输出：{'name': '王五', 'age': 35}
```

如果将 JSON 数据转换为自定义的 Python 对象，需要实现一个类方法或者静态方法，用于从字典创建对象。

示例代码如下：

```
import json
class Person:
    @classmethod
    def from_dict(cls, data):
        return cls(data["name"], data["age"])
    def __init__(self, name, age):
        self.name = name
        self.age = age
json_data = '{"name": "赵六", "age": 40}'
data = json.loads(json_data)
person = Person.from_dict(data)
print(person.name, person.age)                # 输出：赵六 40
```

JSON 是一种文本格式，将 Python 对象转换为 JSON 时，实际上是将 Python 对象转换为一个字符串。同样，将 JSON 转换为 Python 对象时，得到的是一个 Python 的字典或者列表。

JSON 只支持有限的数据类型，不支持 Python 的所有数据类型，例如，Python 的 set 和 date 等类型在 JSON 中就没有对应的表示。因此，在转换时可能需要进行一些额外的处理。

## 习　　题

1. 打开一个已有文件，然后在文件末尾添加信息，正确的打开方式为(　　)。
   A. r                                B. w
   C. r+                               D. a
2. 假设 file 是文本文件对象，下列选项中用于读取一行内容的是(　　)。
   A. file.read()                      B. file.read(30)
   C. file.readline()                  D. file.readlines()
3. 假设文件不存在，如果使用 open() 方法打开文件会报错，那么该文件的打开方式是(　　)模式。
   A. r                                B. w
   C. r+                               D. a
4. 下列方法中，用于获取当前目录的是(　　)。
   A. open()                           B. write()
   C. getcwd()                         D. read()

5. f =open ('itheima. txt', 'w') 语句打开文件的位置应该在(　　)。
   A. C 盘根目录下　　　　　　　　B. D 盘根目录下
   C. Python 安装目录下　　　　　　D. 与源文件在相同的自录下

6. 查阅资料，编写程序，读取 Python 安装目录中的文本文件 news.txt，统计并输出出现次数最多的前 10 个单词及其出现的次数。

7. 编写程序，查找自己计算机 C 盘的所有文件中创建日期最早的文件名及其创建日期，日期格式为"年－月－日时：分：秒"。

8. 编写程序，运行之后输入两个文本文件的路径，然后将两个文件中的内容合并为一个新文件 result,txt，第一个输入的文件中的内容在前，第二个输入的文件中的内容在后。要求原始文件和结果目标都采用 UTF-8 编码格式。

9. 查阅资料，编写程序，输入任意一个文本文件路径，不论其中的文本编码格式如何，都将其中的内容转换为 UTF-8 编码并保存至新文件 result.txt。

# 第 8 章　Python计算生态

> **本章导语**
>
> Python 的计算生态系统包含了大量的模块、包和库,涵盖了几乎所有领域的需求,从数据科学到网络编程,从机器学习到图形界面开发。本章将介绍如何构建、导入和使用这些模块、包和库,以及它们在解决实际问题中的应用。
>
> 通过本章内容的学习,希望读者全面了解 Python 计算生态系统中各种模块、包和库的构建与使用方式,为后续解决实际问题打下基础。

> **学习目标**
>
> (1)了解 Python 的计算生态。
> (2)掌握模块的构建与使用方法。
> (3)掌握常见标准模块的导入与使用方法。
> (4)掌握常用第三方库的导入与使用方法。
> (5)具有设计和应用自定义模块的能力。
> (6)具有导入和使用常见标准模块的能力。
> (7)具有导入和使用第三方库的能力。

## 8.1　理解计算生态

### 8.1.1　计算生态的发展历程

计算生态学是 2018 年公布的计算机科学技术名词。它是研究关于开放系统中决定计算节点的行为与资源使用的交互过程的学科。

1983 年,麻省理工学院著名教授理查德·斯托曼启动 GNU 计划,希望建立一套开源的操作系统。当时,UNIX 操作系统是市场的主流,但是它并不开源开放,所以普通的程序员使用操作系统都是要付费的,因此理查德·斯托曼启动 GNU 计划就是为了创建开放的、能让更多的人免费使用的操作系统。

到了 1989 年,GNU 通用公共许可协议诞生,这个许可协议规范了知识产权的保护方法,让参与开源项目开发的人的知识产权有了一个明确的归属。这是第一个迈向知识产权保护的许可协议,它标志着自由软件时代的到来。所谓自由软件,指的是软件产品不再像工业产品一样通过商业来分发和销售,而是通过互联网、通过免费的复制来使用和分发,让更多的人能用得起、用得上软件。

到了 1991 年，Linux 之父莱纳斯·托瓦尔兹发布了 Linux 内核。这是一个操作系统的小内核，但是他把这个内核放到了网上，有大批的人跟随他一起完善这个内核，最终形成了 Linux 操作系统。

从 1991 年开始到 1998 年，开源变成了一个普遍关注的方式。直到 1998 年，网景这家著名公司将它的浏览器开源，产生了摩斯拉火狐（Firefox）等浏览器，标志着商业公司开始用开源的方式来奠定其市场地位。商业公司将商业产品开源的这种行为标志着开源生态逐步建立。

1983 年的理查德·斯托曼的模式称为大教堂模式。大教堂模式是 Web 2.0 中典型的自上而下的闭源商业模式，是由顶层的专门团队作为执行主导，用户需要完全信任企业人员来管理资金和执行服务，他们开发出的软件为用户无偿使用。

1991 年的莱纳斯·托瓦尔兹的模式称为集市模式。集市模式是 Web 3.0 中典型的自下而上的去中心化、分布式的开源开发范式，此时的用户不再信任人，而是信任技术本身，它强调建设者与用户开放共建，由全球的程序员免费、分布共同完善。

大教堂模式与集市模式这两种模式代表了两种不同的开源运动的阶段，它们虽然模式不同，但是都是主张开源。

开源思想的深入演化和发展，形成了计算生态。计算生态以开源项目为组织形式，充分利用"共识原则"和"社会利他原则"来组织人员在竞争发展、相互依存和迅速更迭中完成信息技术的更新换代，形成了技术的自我演化路径。

正是因为有计算生态的产生，有开源思想的支撑，才使得现在的信息技术有了飞速的演进和发展。

### 8.1.2 计算生态的特征

Python 从诞生之初就致力于开源开放，建立全球最大的编程计算生态。它提供了以开源项目为代表的大量第三方库，用户可以在官网上找到几乎所有与新技术领域相关的第三方库来支撑软件开发，而且库的数量在快速增加。

可以看到每一个库的建设都经过了野蛮生长和自然选择，符合赢者通吃法则。也就是说在同一个功能下，Python 语言往往提供两个甚至更多个第三方库，它们在相互竞争中最终实现优胜劣汰。

正是因为库之间有竞争发展的压力，所以库之间是相互关联使用、依存发展的。开源项目往往以推动者的兴趣和能力为核心，以功能模块为主要形式，项目之间存在开发上的依存关系、应用上的组合关系和推动上的集成关系，在相互依存中协同发展。往往一个库建立在其他的优秀的库之间，并且逐级封装。在 Python 语言中，库之间的相互关联和依存非常普遍。

Python 有非常庞大的社区，技术更迭非常迅速。由于竞争和兴趣的推动，相比传统商业软件 3～6 个月的更新周期，开源项目更迭更加迅速，活跃的项目更新周期往往低于 1 个月，而且新功能增加迅速，能够快速反映技术发展方向和应用需求的变化。大家所熟知的 AlphaGo 深度学习算法就是采用 Python 语言开源开发，这是计算生态丰富多样特征的体现。

在计算机发展的早期阶段，类似于农业的"刀耕火种"的年代，编写程序仅能调用官方提供的 API 功能。40 年前，随着开源运动的兴起和蓬勃发展，一批开源项目诞生，降低了专业人士编写程序的难度，实现了专业级别的代码复用。

随着开源运动的深入发展，专业人士开始大量贡献各领域最优秀的研究和开发成果，并通过开源库形式发布出来。如今庞大的计算生态需要一种编程语言或方式，能够将不同语言、不同特点和不同使用方式的代码统一起来，历史选择了 Python 语言，Python 语言也证明了它的价值。

Python 计算生态涵盖了网络爬虫、数据分析、文本处理、数据可视化、图形用户界面、机器学习、Web 开发、网络应用开发、游戏开发、虚拟现实和图形艺术等多个领域，为各个领域的 Python 使用者提供了极大便利。

## 8.2 模 块 和 包

### 8.2.1 模块的定义与使用

模块就是用一堆代码实现一些功能的代码集合，通常将一个或者多个函数写在一个 .py 文件里。如果有些功能实现起来很复杂，那么就需要创建多个 .py 文件，这多个 .py 文件的集合就是模块。

**1. 创建模块**

创建模块是 Python 编程中的一个基础操作。下面将详细介绍如何创建一个 Python 模块。

1）创建 Python 文件

需要使用一个文本编辑器（如 VS Code、PyCharm、Sublime Text 等）创建一个新的 Python 文件。这个文件将作为模块，并包含在其他脚本中想要复用的代码。通常模块文件的扩展名为 .py。

2）编写模块内容

在 Python 文件中，可以编写各种 Python 代码，包括函数定义、类定义和变量赋值等。这些代码将构成模块内容。为了使模块更加易于理解和使用，建议为每个函数和类添加文档字符串（docstring），简要说明其功能和用法。

例如，可以创建一个名为 my_module.py 的模块文件，并在其中定义一些函数，代码如下：

```python
# my_module.py
def greet(name):
    """ 打印问候语 """
    return f"Hello, {name}!"
def add_numbers(a, b):
    """ 将两个数字相加并返回结果 """
    return a + b
```

3）保存模块文件

完成模块内容的编写后,保存文件。建议将模块文件保存在项目目录或 Python 能够识别的模块路径下,这样才能方便导入和使用其他脚本。

**2. 模块的优势**

模块具有以下三方面的优势。

（1）提高了代码的可维护性。

（2）提高了代码的复用性(当一个模块被使用之后,可以在多个文件中使用)。

（3）引用其他的模块(第三方模块),避免函数名和变量的命名冲突。

**3. 模块的分类**

模块主要分为以下三类。

（1）内置模块。Python 内置标准库中的模块也是 Python 的官方模块,可直接导入程序供开发人员使用。

（2）自定义模块。是开发人员在程序编写的过程中自行编写、存放功能性代码的 .py 文件。

（3）第三方模块。是由非官方制作发布、提供给用户使用的 Python 模块,在使用之前需要开发人员先自行安装。

**4. 模块的使用**

创建了模块之后,接下来将学习如何在其他 Python 脚本中使用这些模块。

1）导入模块

要使用模块中的功能,首先需要导入它。在 Python 中,可以使用 import 语句来导入模块。例如,如果想要使用上面创建的 my_module 模块,可以这样导入:

```
import my_module
```

这条语句告诉 Python 解释器去查找名为 my_module.py 的文件,并将其内容加载到当前脚本的命名空间中。

2）访问模块中的函数和变量

一旦模块被导入,就可以通过模块名来访问其中的函数、类和变量。例如,调用 my_module 中的 greet 函数语句如下：

```
result = my_module.greet("Alice")
print(result)      # 输出：Hello, Alice!
```

同样地,也可以调用模块中的其他函数或访问其定义的变量。

3）导入模块特定部分

如果不想在每次调用模块中的函数或访问变量时都使用模块名作为前缀,可以使用 from...import 语句来直接导入模块中的特定部分。例如:

```
from my_module import greet
result = greet("Bob")
print(result)      # 输出：Hello, Bob!
```

在这个例子中只导入了 greet() 函数,所以可以直接调用它,而不需要使用 my_module

前缀。

此外,还可以使用 * 来导入模块中的所有公共对象,但这通常不是一个好的做法,因为它可能导致命名冲突和代码难以维护。

```
from my_module import *
```

#### 5. 分发和使用第三方模块

除了自己编写的模块外,Python 社区还提供了大量的第三方模块,这些模块可以扩展 Python 的功能并简化常见任务的实现。Python 的包管理工具 pip 可以方便地安装和使用第三方模块。

在终端或命令提示符中通过运行以下命令安装第三方模块:

```
pip install module_name
```

将 module_name 替换为想要安装的模块名称,pip 会自动从 Python 包索引。

### 8.2.2 包的构建与导入

在导入一个包时,Python 会根据 sys.path 中的目录来寻找这个包中包含的子目录,目录只有包含一个叫作 __init__.py 的文件才会被识别为一个包,主要是为了避免一些滥俗的名字(比如叫作 string)影响搜索路径中的有效模块。

最简单的情况是放一个空的 :file: __init__.py 就可以了。当然,这个文件中还可以包含一些初始化代码或者为 __all__ 变量赋值的代码(将在后面介绍的)。用户可以每次只导入一个包里面的特定模块,例如:

```
import sound.effects.echo
```

这将会导入子模块 sound.effects.echo,它必须使用全名去访问,方法如下:

```
sound.effects.echo.echofilter(input, output, delay=0.7, atten=4)
```

还有一种导入子模块的方法如下:

```
from sound.effects import echo
```

这同样会导入子模块 echo,并且不需要冗长的前缀,可以通过如下方式使用:

```
echo.echofilter(input, output, delay=0.7, atten=4)
```

## 8.3 库的发布与使用

Python 之所以强大,有一个很重要的特点就是有海量的第三方库可以直接拿来使用,省去了很多不必要的重复开发的工作。Python 中的第三方库是由 Python 使用者自行编写与发布的模块或包。也就意味着,可以将自己编写的模块或包作为库进行发布。

### 8.3.1 库的发布

（1）在与待发布的包同级的目录中创建一个 setup.py 文件，如图 8.1 和图 8.2 所示。

图 8.1 选择目录

图 8.2 创建 setup.py 文件

（2）编辑 setup.py 文件，在该文件中设置包中包含的模块，如图 8.3 所示。在 setup.py 文件中，可以设置包的元数据（如包名、版本号等）和包的信息（如允许操作的 Python 模块）等内容。

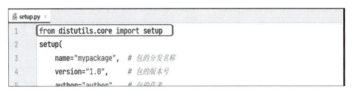

图 8.3 设置包中包含的模块

（3）在 setup.py 文件所在目录下打开命令行，使用 Python setup.py build 命令构建 Python 库，如图 8.4 和图 8.5 所示。

图 8.4 安装 PowerShell

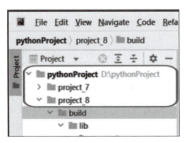

图 8.5 构建 Python 库

（4）在 setup.py 文件所在目录下打开命令行，使用 Python setup.py dist 命令创建库的安装包，如图 8.6 和图 8.7 所示。

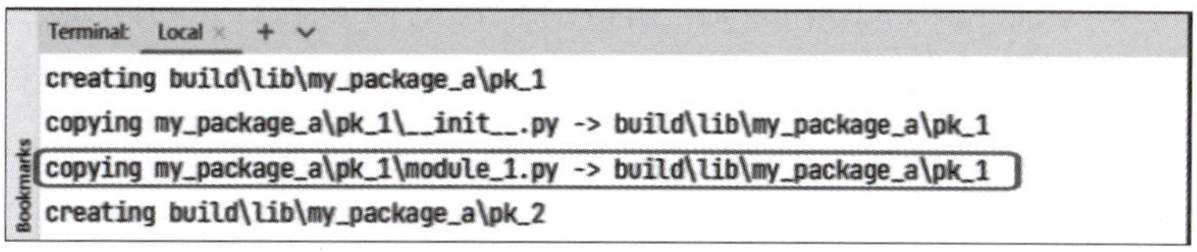

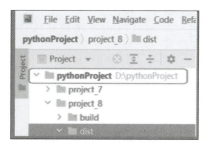

图 8.6　打开命令行

图 8.7　创建安装包

### 8.3.2　自定义库的导入与使用

（1）将库的压缩包进行解压。

（2）在解压文件包所在目录下打开命令行，使用 Python setup.py install 命令完成对自定义 Python 库的安装。

（3）在 PyCharm 中进行导入和使用。

## 8.4　常见库介绍

### 8.4.1　time 库

time 库是 Python 中处理时间的一个核心标准库。它提供了丰富的时间处理功能，从获取当前系统时间到格式化时间输出，再到精确计时以分析程序性能，都可以轻松实现。

#### 1. 时间获取

time 库允许获取当前系统时间。通常通过调用 time() 函数实现，它会返回一个表示从"纪元"（通常是 1970 年 1 月 1 日 00:00:00 UTC）开始的秒数的浮点数。

```
import time
current_time = time.time()
print(current_time)
```

除了获取自纪元以来的秒数，time 库还提供了 ctime() 和 gmtime() 等函数，用于将时间戳转换为人类可读的字符串形式，或转换为结构化的时间元组。

### 2. 时间格式化

格式化时间输出是 time 库的一个重要功能。可以使用 strftime() 函数将时间元组转换为格式化的字符串，或者使用 strptime() 函数将格式化字符串解析为时间元组。

```
# 将时间元组转换为格式化字符串
time_tuple = time.localtime()
formatted_time = time.strftime("%Y-%m-%d %H:%M:%S", time_tuple)
print(formatted_time)
# 将格式化字符串解析为时间元组
string_time = "2023-03-25 10:30:00"
parsed_time = time.strptime(string_time, "%Y-%m-%d %H:%M:%S")
print(parsed_time)
```

strftime() 和 strptime() 函数使用的格式代码允许以灵活的方式定义时间的转换和解析方式。

### 3. 程序计时

time 库还提供了用于精确计时的功能，这在性能分析和优化中非常有用。例如，sleep() 函数可以让程序暂停执行指定的秒数。

```
# 让程序暂停 5 秒
time.sleep(5)
```

perf_counter() 函数用于测量代码块的执行时间，它提供了一个高分辨率的计时器，适用于性能分析。

```
start_time = time.perf_counter()
# 执行一些操作
# ...
end_time = time.perf_counter()
elapsed_time = end_time - start_time
print(f"操作执行耗时：{elapsed_time:.6f} 秒 ")
```

使用 time 库时，要注意时区问题。localtime() 函数返回的是本地时间，gmtime() 函数返回的是协调世界时（UTC）。

格式化时间字符串时，要确保使用的格式代码与要解析或生成的字符串格式相匹配。

在进行性能分析时，要确保计时器的使用不会干扰到代码的正常执行。

通过学习和掌握 time 库的使用方法，可以更高效地处理时间相关的任务，并在 Python 程序中实现精确的时间控制和性能分析。

### 8.4.2 random 库

在程序设计中会遇到需要随机数的情况，Python 的 random 库提供了产生随机数的方法。真正意义上的随机数（或者随机事件）在某次产生过程中是按照实验过程中表现的分布概率随机产生的，其结果是不可预测、不可见的。而计算机中的随机函数是按照一定算法模拟产生的，其结果是确定的，可见的。可以认为这个可预见的结果出现的概率是100%。因此计算机随机函数所产生的随机数并不随机，而是伪随机数。

计算机的伪随机数是由随机种子根据一定的计算方法计算出来的数值。因此,只要计算方法一定,随机种子一定,那么产生的随机数就是固定的。如果用户或第三方不设置随机种子,那么在默认情况下随机种子来自系统的时钟。

random 库属于 Python 的标准库,使用之前需要导入库:import random。

**1. random 库的常用方法**

random 库提供了产生随机数以及随机字符的多种方法。random 提供的基本方法、针对整数的方法、针对序列类结果的方法和真值分布的方法分别见表 8.1～表 8.4。

表 8.1 random 的基本方法

| 方 法 | 含 义 |
| --- | --- |
| seed(a) | 初始化的伪随机数生成器 |
| getstate | 返回一个当前生成器的内部状态的对象 |
| setstate(state) | 传入一个先前利用 getstate 方法获得的状态对象,使生成器恢复到这个状态 |
| getrandbits(k) | 返回一个不大于 k 位的 Python 整数(十进制),如 k=10,则结果为 0～2^10 的整数 |

表 8.2 针对整数的方法

| 方 法 | 含 义 |
| --- | --- |
| randint(a,b) | 返回一个 a≤N≤b 的随机整数 |
| randrange([start,]stop[,step]) | 从指定范围 start-stop 内按指定步长 step 递增的集合中获取一个随机整数 |

表 8.3 针对序列类结果的方法

| 方 法 | 含 义 |
| --- | --- |
| choice(seq) | 从非空序列 sep 中随机选取一个元素。如果 seq 为空,则弹出 IndexError 异常 |
| choice(population,weights=none,*,cum weights=none,k=1) | Python 3.6 版本新增内容。从 population 集群中随机抽取 k 个元素。weights 是相对权重列表,cum weights 是累计权重,两个参数不能同时存在 |
| shuffle(x[,random]) | 随机打乱序列 x 内元素的排列顺序,只能针对可变的序列 |
| sample(population,k) | 从 population 样本或集合中随机抽取 k 个不重复的元素形成新的序列。用于不重复的随机抽样,返回的是一个新的序列,不会破坏原有序列。从一个整数区间随机抽取一定数量的整数。如果 k 大于 population 的长度,则弹出 ValueError 异常 |

表 8.4 真值分布的方法

| 方 法 | 含 义 |
| --- | --- |
| random() | 返回一个介于左闭右开 [0.0, 1.0) 区间的浮点数 |
| uniform(a,b) | 返回一个介于 a 和 b 之间的浮点数。如果 a>b,则是 b 到 a 之间的浮点数。这里的 a 和 b 都有可能出现在结果中 |
| triangular(low,high,mode) | 返回一个 low≤N≤high 的三角形分布的随机数。参数 mode 指明众数出现的位置 |
| betavariate(alpha,beta) | 贝塔分布。返回的结果在 0～1 |
| expovariate(lambd) | 指数分布 |
| gammavariate(alpha,beta) | 伽马分布 |

续表

| 方　　法 | 含　　义 |
|---|---|
| gauss(mu,sigma) | 高斯分布 |
| normalvariate(mu,sigma) | 正态分布 |

1）random()

功能：返回一个介于左闭右开 [0.0,1.0) 区间的浮点数。例如：

```
import random
random.random()
0.8050901378898727
```

**注意**：该语句每次运行的结果不同，但都介于 0～1。

2）seed(a)

功能：初始化伪随机数生成器，给随机数对象一个种子值，用于产生随机序列。

其中，参数 a 是随机数种子值。对于同一个种子值的输入，之后产生的随机数序列也一样。通常是把时间秒数等变化值作为种子值，达到每次运行产生的随机系列都不一样。如果未提供 a 或者 a=None，则使用系统时间作为种子。如果 a 是一个整数，则作为种子。

【例 8.1】 随机数应用举例。

程序如下：

```
from numpy import *
num=0
while(num <5):
    random.seed(5)
    print(random.random())
    num +=1
```

程序运行结果：

```
0.22199317109
0.22199317109
0.22199317109
0.22199317109
0.22199317109
```

从程序运行结果可以看到每次运行的结果都是一样的。

【例 8.2】 修改例 8.1，seed() 只执行一次。

程序如下：

```
from numpy import *
num=0
random.seed(5)
while(num <5):
    print(random.random())
    num +=1
```

程序运行结果：

```
0.22199317109
0.870732306177
0.206719155339
0.918610907938
0.488411188795
```

该程序产生的随机数每次都是不一样的。

对比例 8.1 和例 8.2 的程序代码及运行结果可以看出：在同一个程序中，random.seed(x) 只能一次有效。

seed() 函数使用时要注意以下事项。

（1）如果使用相同的 seed() 值，则每次生成的随机数都相同。

（2）如果不设置函数的参数，则使用当前系统时间作为种子，此时每次生成的随机数因时间差异而不同。

（3）设置的 seed() 值仅一次有效。

3）randint(a, b)

功能：返回一个 a≤N≤b 的随机整数 N。其中，参数 a 是下限，b 是上限。例如：

```
random.randint(3,10)
```

4）randrange([start,]end[,step])

功能：从指定范围 start-end 内按指定步长 step 递增的集合中获取一个随机整数。其中，start 是下限，end 是上限，step 是步长。例如：

```
random.randrange(1,10,2)
```

注意：以上例子中 random.randrange(1,10,2) 的结果相当于从列表 [1,3,5,7,9] 中获取一个随机数。

5）choice(seq)

功能：从非空序列 seq 中随机选取一个元素。如果 seq 为空，则弹出 IndexError 异常。其中，参数 seq 表示序列对象，序列包括列表、元组和字符串等。例如：

```
random.choice([1, 2, 3, 5, 9])
random.choice('A String')
```

6）shuffle(x[,random])

功能：随机打乱序列 x 内元素的排列顺序，返回随机排序后的序列。

注意：该方法只能针对可变的序列。

【例 8.3】 使用 shuffle() 方法实现模拟洗牌程序。

程序如下：

```
import random
list = [20, 16, 10, 5]
```

```
random.shuffle(list)
print("随机排序列表:", list)
random.shuffle(list)
print("随机排序列表:", list)
```

程序运行结果:

```
随机排序列表:[16,20,10,5]
随机排序列表:[10,16,20,5]
```

7) sample(population, k)

功能:从 population 样本或集合中随机抽取 k 个不重复的元素形成新的序列。

该方法一般用于不重复的随机抽样,返回的是一个新的序列,不会破坏原有序列。从一个整数区间随机抽取一定数量的整数,如果 k 大于 population 的长度,则弹出 ValueError 异常。例如:

```
random.sample([10, 20, 30, 40,50], k=4)  # [30,40,50, 20]
random.sample([10, 20, 30,40, 50], k=4)  # [20, 50, 10, 40]
random.sample([10, 20,30, 40,50], k=4)   # [20,40, 30, 50]
```

**注意**:sample() 方法不会改变原有的序列,但 shuffle() 方法会直接改变原有序列。

8) uniform(a,b)

功能:返回一个介于 a 和 b 之间的浮点数。

其中,参数 a 是下限,b 是上限。例如:

```
import random
random.uniform(10,20) # 13.516894180425453
```

### 8.4.3　turtle 库

turtle 库是 Python 语言绘制图像的函数库,也被人们称为海龟绘图,与各种三维软件都有着良好的兼容性。

turtle 库绘制图像的基本原理为:一只小海龟从一个横轴为 x、纵轴为 y 的坐标系原点 (0,0) 位置开始,根据一组函数指令的控制,在这个平面坐标系中移动,其爬行轨迹形成了绘制的图形。小海龟的爬行行为有"前进""后退""旋转"等,在爬行过程中,有"前进方向""后退方向""左侧方向""右侧方向"等方向。绘图开始时,小海龟位于画布正中央坐标系原点 (0.0) 位置,行进方向是水平向右。

turtle 库是 Python 提供的标准库,使用之前需要导入库:

```
import turtle
```

#### 1. 设置画布

画布(canvas)是 turtle 展开用于绘图的区域,默认大小是(400,300),可以设置它的大小和初始位置。

设置画布大小可以使用以下两个库函数:

```
turtle.screensize(canvwidth, canvheight, bg)
```

其中,canvwidth 表示设置的画布宽度(单位为像素),canvheight 表示设置的画布高度(单位为像素),bg 表示设置的画布背景颜色。例如:

```
turtle.screensize(800, 600, "blue")# 设置画布大小为 (800,600),背景色为蓝色
turtle.screensize()                # 设置画布为默认大小 (400,300),背景色为白色
turtle.setup(width, height, startx, starty)
```

其中,width 表示画布宽度,如果其值是整数,表示像素值;如果其值是小数,表示画布宽度与计算机屏幕的比例。height 表示画布高度,如果其值是整数,表示像素值;如果其值是小数,表示画布高度与计算机屏幕的比例。startx 表示画布左侧与屏幕左侧的像素距离,如果其值是 None,则画布位于屏幕水平中央。starty 表示画布顶部与屏幕顶部的像素距离,如果其值是 None,则画布位于屏幕垂直中央。例如:

```
turtle.setup(width=0.6, height=0.6)
turtle.setup(width=800, height=800, startx=100, starty=100)
```

**2. 画笔及其绘图函数**

turtle 中的画笔(pen)即小海龟。在画布上,默认有一个坐标原点为画布中心的坐标轴,坐标原点上有一只面朝 x 轴正方向的小海龟。turtle 绘图中,就是使用位置方向描述小海龟(画笔)的状态。控制小海龟绘图有很多函数,这些函数可以划分为画笔运动函数、画笔控制函数、全局控制函数和其他函数四种。

常见的画笔运动函数见表 8.5。

表 8.5 画笔运动函数

| 函　　数 | 功　　能 |
| --- | --- |
| turtle.home() | 将 turtle 移动到起点 (0,0) |
| turtle.forward(distance) | 向当前画笔方向移动像素距离 |
| turtle.backward(distance) | 向当前画笔相反方向移动像素距离 |
| turtle.right(degree) | 顺时针移动 |
| turtle.left(degree) | 逆时针移动 |
| turtle.pendown() | 移动时绘制图形,缺省时也绘制图形 |
| turtle.penup() | 移动时不绘制图形,提起笔,用于另起一个地方绘制时用 |
| turtle.goto(x,y) | 将画笔移动到坐标为 x、y 的位置 |
| turtle.speed(speed) | 画笔绘制的速度取值为 [0,10] 的整数,数字越大,绘制速度越快 |
| turtle.setheading(angle) | 改变画笔绘制方向 |
| turtle.circle(radius,extent,steps) | 绘制一个指定半径、弧度范围、阶数(正多边形)的弧形 |
| turtle.dot(diameter,color) | 绘制一个指定直径和颜色的圆 |

1)turtle.seth eading(angle)

该函数的作用是按照角度逆时针改变小海龟的行进方向,其中 angle 为绝对角度。

```
turtle.setheading(30)
```

2）turtle.circle(radius, extent, steps)

该函数的作用是以给定半径画弧形或正多边形。

其中，radius 表示半径，当值为正数时，表示圆心在画笔的左边画圆；当值为负数时，表示圆心在画笔的右边画圆。extent 表示绘制弧形的角度，当不设置该参数或参数值设置为 None 时，表示画整个圆形。steps 表示阶数，半径为 radius 的圆内绘制内切正多边形时，steps 为多边形边数。例如：

```
turtle.circle(50)              # 绘制半径为 50 的圆
turtle.circle(50,180)          # 绘制半径为 50 的半圆
turtle.cirele(50,steps=4)      # 在半径为 50 的圆内绘制内切正四边形
```

### 3. 画笔控制函数

画笔控制函数见表 8.6。

表 8.6　画笔控制函数

| 函　　数 | 功　　能 |
| --- | --- |
| turtle.pensize(width) | 设置绘制图形时画笔的宽度 |
| turtle.pencolor(color) | 设置画笔颜色，color 为颜色字符串或者 RGB 值 |
| turtle.fillcolor(colorstring) | 设置绘制图形的填充颜色 |
| turtle.color(colorl,color2) | 同时设置 pencolor(color1), fillcolor(color2) |
| turtle.filling() | 返回当前是否在填充状态 |
| turtle.begin_fill() | 准备开始填充图形 |
| turtle.end_fill() | 填充完成 |
| turtle.hideturtle() | 隐藏画笔的箭头形状 |
| turtle.showturtle() | 显示画笔的箭头形状 |

turtle. pencolor() 函数的作用为设置画笔颜色，有以下两种调用方式。

（1）turtle.pencolor()：没有参数传入时，返回当前画笔颜色。

（2）turtle.pencolor(color)：参数 color 为颜色字符串或者 RGB 值。颜色字符串，如 red、blue、grey 等；RGB 值是颜色对应的 RGB 数值，色彩取值范围为 0～255 的整数，很多 RGB 颜色有固定的英文名称，这些英文名称可以作为颜色字符串，也可以采用三元组 (r,g,b) 形式表示颜色，几种常见的 RGB 颜色见表 8.7。

表 8.7　部分常见的 RGB 颜色值

| 英文名称 | RGB 整数值 | 中文名称 |
| --- | --- | --- |
| white | 255，255，255 | 白色 |
| black | 0，0，0 | 黑色 |
| red | 255，0，0 | 红色 |
| green | 0，255，0 | 绿色 |
| blue | 0，0，255 | 蓝色 |
| yellow | 255，255，0 | 黄色 |

续表

| 英文名称 | RGB 整数值 | 中文名称 |
|---|---|---|
| magenta | 255, 0, 255 | 洋红 |
| cyan | 0, 255, 255 | 青色 |
| grey | 192, 192, 192 | 灰色 |
| purple | 160, 32, 240 | 紫色 |
| gold | 255, 215, 0 | 金色 |
| pink | 255, 192, 203 | 粉红色 |
| brown | 165, 42, 42 | 棕色 |

例如：

```
turtle.pencolor()                # 返回当前画笔颜色
turtle.pencolor("grey")          # 使用颜色字符串"grey"设置画笔颜色
turtle.pencolor((255,0,0))       # 以 RGB 值设置画笔颜色为红色
```

### 4. 全局控制函数

全局控制函数见表 8.8。

表 8.8　全局控制函数

| 函　　数 | 功　　能 |
|---|---|
| turtle.clear() | 清空 turtle 窗口，但是 turtle 的位置和状态不会改变 |
| turtle.reset() | 清空窗口，重置 turtle 状态为起始状态 |
| turtle.undo() | 撤销上一个 turtle 动作 |
| turtle.isvisible() | 返回当前 turtle 是否可见 |
| turtle.stamp() | 复制当前图形 |
| turtle.write(s,font) | 写文本信息 |

turtle.write(s,font) 函数的作用是给画布写文本信息。其中，s 为文本信息的内容；font 表示字体参数，为可选项，分别为字体名称、大小和类型，基本形式为 font=("font-name", font_size, "font_type")。例如：

```
turtle.write("hello")                        # 在画笔当前位置输出文本信息"hello"
turtle.write("hello", font=("Times", 24,"bold"))
```

### 5. 画笔其他函数

除以上画笔函数外，turtle 库还提供了一些其他函数，如表 8.9 所示。

表 8.9　画笔其他函数

| 函　　数 | 功　　能 |
|---|---|
| turtle.mainloop()<br>turtle.done() | 启动事件循环，调用 Tkinter 的 mainloop() 函数。必须是小海龟图形程序中的最后一个语句 |
| turtle.mode(mode) | 设置小海龟模式（有 standard、logo（向北或向上）或 world 三种模式）并执行重置。如果没有给出模式，则返回当前模式 |

续表

| 函　　数 | 功　　能 |
|---|---|
| turtle.delay(delay) | 设置或返回以毫秒为单位的绘图延迟 |
| turtle.begin_poly() | 开始记录多边形的顶点，当前的小海龟位置是多边形的第一个顶点 |
| turtle.end_poly() | 停止记录多边形的顶点，当前的小海龟位置是多边形的最后一个顶点，将与第一个顶点相连 |
| turtle.get_poly() | 返回最后记录的多边形 |

turtle.mode(mode) 函数的作用是设置小海龟运动的模式并执行重置。

其中，参数 mode 表示要设置的模式，有 standard、logo 和 world 三种选项。 standard 模式的 turtle 方向为向右，运动方向为逆时针；logo 模式的 turtle 方向为向左，运动方向为顺时针；world 为自定义模式。

mode 也可以缺省，如果没有给出模式，则返回当前模式。例如：

```
turtle.mode("logo")          # 设置 turtle 方向为向左，运动方向为顺时针
```

**6. turtle 库应用举例**

【例 8.4】 绘制正六边形，如图 8.8 所示。

正六边形可以看作从起点出发，每画一条边，小海龟逆时针旋转 60°；再画一条边，再旋转；如此反复 6 次，就可以完成正六边形的绘制，小海龟最终回到起点。

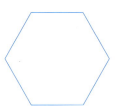

图 8.8　正六边形

程序如下：

```
import turtle
t = turtle.Pen()
t.pencolor("blue")
for i in range(6):
    t.forward(100)
    t.left(60)
```

【例 8.5】 使用 turtle 中的函数，绘制如图 8.9 所示的五角星。

图 8.9　五角星

该图形首先进行五角星的绘制。在五角星绘制时首先需要选择画笔的宽度和颜色,五角星绘制算法与例 8.4 中六边形绘制相似。然后对五角星进行填充,设置填充颜色为红色,最后在画布上输出文本信息"五角星"。

程序如下:

```
import turtle
turtle.pensize(5)
turtle.pencolor("yellow")
turtle.fillcolor("red")
turtle.begin_fill()
for i in range(5):
    turtle.forward(200)
    turtle.right(144)
turtle.end_fill()
turtle.penup()
turtle.goto(-150, -120)
turtle.color("violet")
turtle.write(" 五角星 ", font=('Arial', 40, 'normal'))
```

### 8.4.4　jieba 库

jieba 是一款优秀的用于中文分词的第三方 Python 库。jieba 分词依靠中文词库确定汉字之间的关联概率,将汉字之间概率大的组成词组,形成分词结果。除了中文词库中的分词,用户还可以添加自定义的词组。

由于 jieba 是第三方库,因此需要在本地安装才可以使用,在命令行下输入以下命令:

```
pip install jieba
```

**1. jieba 库分词模式**

jieba 支持精确模式、全模式和搜索引擎模式三种分词模式。三种模式有以下特点。

(1)精确模式:把文本精确切分开,不存在冗余单词,适合于文本分析。

(2)全模式:把文本中所有可以成词的词语都扫描出来,有冗余,速度非常快,但是不能解决歧义问题。

(3)搜索引擎模式:在精确模式的基础上,对长词再次切分,提高召回率,适合用于搜索引擎分词。

jieba 库常用函数如表 8.10 所示。

表 8.10　jieba 库常用函数

| 函　　数 | 描　　述 |
| --- | --- |
| jieba.cut(s) | 精确模式,返回一个可迭代的数据类型 |
| jieba.cut(s,cut_all-True) | 全模式,输出文本 s 中所有可能单词 |
| jieba.cut_for_search(s) | 搜索引擎模式,适合搜索引擎建立索引的分词结果 |
| jieba.lcut(s) | 精确模式,返回一个列表类型 |

续表

| 函数 | 描述 |
|---|---|
| jieba.lcut(s,cut_all-True) | 全模式，返回一个列表类型 |
| jieba.lcut_for_search(s) | 搜索引擎模式，返回一个列表类型 |
| jieba.add_word(w) | 向分词词典中增加新词 w |

例如，使用 jieba 库常用的函数对字符串"强大的面向对象的程序设计语言"进行分词，结果如下：

```
str=" 强大的面向对象的程序设计语言 "
jieba.lcut(str)              # [强大,的,面向对象,的,程序设计,语言]
jieba.lcut_for_search(str)   # ['强大','的,'面向','对象',面向对象,的,程序,
                                 设计,程序设计,语言]
```

**2. jieba 库应用举例**

【例 8.6】 使用 jieba 库小说《平凡的世界》进行分词，统计该小说中出现次数最多的 15 个词语。

首先获取小说的文本文件，保存为"平凡的世界.txt"；然后将该文件中的信息读出，使用 jieba 库将这些信息进行分词；接着对分词进行计数，计数时会使用到字典类型，将词语作为字典的键，出现次数为键所对应的值；最后再将字典内容输出。

程序如下：

```
# coding:utf-8
import jieba
txt = open("平凡的世界.txt", "rb").read()
words = jieba.lcut(txt)        # 使用精确模式对文本进行分词
counts = {}                    # 通过键值对的形式存储词语及其出现的次数

for word in words:
    if len(word) == 1:         # 单个词语不计算在内
        continue
    else:
        counts[word] = counts.get(word, 0) + 1
# 遍历所有词语，每出现一次其对应的值加1
items = list(counts.items())
items.sort(key=lambda x: x[1], reverse=True)
# 根据词语出现的次数进行从大到小排序

print("{0:<5} {1:>5} ".format("词语", "次数"))
for i in range(15):
    word, count = items[i]
    print("{0:<5}{1:>5} ".format(word, count))
```

程序运行结果：

| 词语 | 次数 |
|---|---|
| 一个 | 1928 |

| | |
|---|---|
| 他们 | 1912 |
| 自己 | 1666 |
| 现在 | 1429 |
| 已经 | 1347 |
| 什么 | 1293 |
| 这个 | 1134 |
| 没有 | 1081 |
| 少平 | 933 |
| 这样 | 831 |
| 知道 | 823 |
| 两个 | 755 |
| 时候 | 741 |
| 就是 | 666 |
| 少安 | 631 |

### 8.4.5 wordcloud 库

**1. wordcloud 库概述**

词云（wordcloud）是一种可视化的数据展示方法，它根据词语在文本中出现的频率设置词语在词云中的大小、颜色和显示层次等，让人对关键词和数据的重点一目了然。

wordcloud 库是第三方库，不是 Python 安装包自带的，因此，需要通过 pip 指令安装。wordcloud 库需要 pillow、numpy 等第三方库的支持，如果之前未安装，安装 wordcloud 库会自动安装支持的第三方库。如果要将词云输出到文件，还需要安装 Matplotlib 库。

**2. wordcloud 库解析**

wordcloud 库的核心是 WordCloud 类，该类封装了 wordcloud 库的所有功能。通常先调用 WordCloud() 函数创建一个 WordCloud 对象，然后调用对象的 generate() 函数生成词云。WordCloud() 函数的基本格式如下：

```
wordcloud.WordCloud(font_path=None,
            width=400,
            height=200,
            margin=2,
            ranks_only=Non,
            prefer_horizontal=0.9,
            mask=None,
            scale=1,
            color_func=None,
            max_words=200,min_font_size=4,
            stopwords=None,
            random_state=None,
            background_color='black',
            max_font_size=None,
            font_step=1,
            mode='RGB',
            relative_scaling='auto',
            regexp=None,
```

```
                        collocations=True,
                        colormap=None,
                        normalize_plurals=True,
                        contour_width=0,
                        contour_color='black',
                        repeat=False,
                        include_numbers=False,
                        min_word_length=0)
```

其主要参数功能如下。
- font_path: 指定字体文件(可包含完整路径),默认为 None。处理中文词云时需要指定正确的中文字体文件才能在词云中正确显示汉字。
- width: 指定画布的宽度,默认为 400。
- height: 指定画布的高度,默认为 200。
- mask: 指定用于绘制词云图片形状的掩码,默认为 None。
- max_words: 设置词云中词语的最大数量,默认为 200。
- min_font_size: 设置词云中文字的最小字号,默认为 4。
- font_step: 设置字号的增加间隔,默认为 1。
- stopwords: 设置排除词列表,默认为 None,排除词列表中的词语不会出现在词云中。
- background_color: 设置词云的背景颜色,默认为 black。
- max_font_size: 设置词云中文字的最大字号,默认为 None。

WordCloud 对象的常用方法如下。
- generate(text): 使用字符串 text 中的文本生成词云,返回一个 WordCloud 对象。text 应为英文的自然文本,即文本中的词语按常用的空格、逗号等分隔。中文文本应先分词(如使用 jieba 库),然后使用空格或逗号将其连接成字符串。
- to_file(filename): 将词云写入图像文件(即图片文件)。

### 3. 应用实例

1)生成英文词云

英文文本可直接调用 generate() 函数生成词云。

【例 8.7】 生成英文词云图片。

程序如下:

```
import wordcloud             # 导入 wordcloud 库

Text = 'Larger canvases with make the code significantly slower. If you need a large word cloud, try a lower canvas size, and set the scale parameter.'
Cloud = wordcloud.WordCloud().generate(text)
                    # 调用 WordCloud() 函数创建对象,再调用 generate() 函数生成词云
cloud.to_file("english_cloud.jpg")              # 将词云写入,形成图像文件
```

英文词云图片已生成并与本程序文件存放在同一目录中。打开生成的英文词云图片 english_cloud.jpg,如图 8.10 所示。

图 8.10 英文词云图片

2）生成中文词云

中文文本应先分词（如使用 jieba 库），然后使用空格或逗号将它们连接成字符串，再调用 generate() 函数生成词云。

【例 8.8】 生成中文词云图片。

程序如下：

```
import wordcloud              # 导入 wordcloud 库
import jieba                  # 导入 jieba 库
str = jieba.lcut('中文文本应先分词，然后使用空格或逗号将其连接成字符串，再调用函
数生成词云')                   # 使用 jieba 库进行分词
text = ''.join(str)            # 使用空格将字符串连接
cloud = wordcloud.WordCloud(font_path='simsun.ttc').generate(text)
# 调用 WordCloud() 创建对象，再调用 generate() 函数生成词云，其中 simsun.ttc 是字
# 体，一般系统默认有 simsun.tte，若没有，则可从网络上找到或从本书提供的电子资源中获取
cloud.to_file('chinese_cloud.jpg')       # 将词云写入，形成图像文件
```

中文词云图片已生成并与本程序文件存放在同一目录中。打开生成的中文词云图片 chinese_cloud.jpg，如图 8.11 所示。

图 8.11 中文词云图片

3）使用词云形状

在 WordCloud() 函数中,可使用参数 mask 指定词云图片的形状掩码。形状掩码是 numpy.ndarray 对象,可用 cv2.imread() 函数将形状图片文件读取为 numpy.ndarray 对象。使用 cv2.imread() 函数需安装 cv2 库:

```
pip install opencv-python
```

【例 8.9】 使用一个心形图形生成形状掩码,再用其生成词云图。

本例所用到的图片文件 star.jpg 及字体 stzhongs.ttf 可从本书提供的电子资源中获取。程序如下:

```
import wordcloud, jieba, cv2          # 导入wordcloud库,jieba库,cv2库
str = jieba.lcut('中文文本应先分词,然后使用空格或逗号将其连接成字符串,再调用函
数生成词云')                          # 使用 jieba 库进行分词
text = ''.join(str)                    # 使用空格将分开的字符串连接
img = cv2.imread('star.jpg')           # 使用cv2库的imread()函数读入形状图像文件,
                                       作为形状掩码参数
cloud = wordcloud.WordCloud(font_path='stzhongs.ttf', background_
color='white', width=800, height=600, mask=img).generate(text)
# 调用 WordCloud() 函数创建对象,再调用 generate() 函数生成词云,其中 stzhongs.
    ttf 是字体,一般系统默认有 stzhongs.ttf,若没有,则可从网络上找到或从本书提供的
    电子资源中获取
File = cloud.to_file('starcloud.jpg')   # 将词云写入,形成图像文件 starcloud.jpg
img2 = cv2.imread('starcloud.jpg')      # 读入图像文件
cv2.imshow("wordcloud", img2)           # 显示图像文件
```

词云图片已生成并与本程序文件存放在同一目录中。打开生成的词云图片 starcloud.jpg,与 cv2.imshow() 函数在窗口中显示的词云图片一样,如图 8.12 所示。

图 8.12 按形状生成词云图片

## 8.4.6 pyinstaller 库

pyinstaller 是一个打包工具,它可将 Python 程序及其所有依赖项封装为一个包。用户不需要安装 Python 解释器或其他任何模块,即可运行 pyinstaller 打包生成的程序。

在 Windows 系统中,pyinstaller 需要 Windows XP 或更高版本,同时需要安装两个模块:PyWin32(或 Pypiwin32)和 Pefile。在 Windows 命令提示符窗口执行 pip install pyinstaller 命令安装 pyinstaller 库。

pip 工具会自动安装 pyinstaller 库需要的其他第三方库,包括 future、pefile、altgraph 及 pywin32。

pyinstaller 可将 Python 程序及其所有依赖项打包到一个文件夹或一个可执行文件中。

### 1. 基本命令格式

pyinstaller 在 Windows 命令提示符窗口执行,其基本命令格式如下:

```
pyinstaller [options] script [script ...]| specfile
```

其中,options 为命令选项,可省略;script 为要打包的 Python 程序的文件名,多个文件名之间用空格分隔;specfile 为规格文件,其扩展名为 .spec。规格文件告诉 pyinstaller 如何处理脚本,它实际上是一个可执行的 Python 程序。

### 2. 打包到文件夹

首先需要确定进行打包的 Python 程序,如打包工作目录 "D:\python\ch08\test\" 内的 index.py 应用程序,然后在 Windows 命令提示符窗口执行 pyinstaller index.py 命令,在执行 pyinstaller index.py 命令之前,需要进入 Python 程序所在的目录。

在命令执行过程中,pyinstaller 首先会分析 Python 和 Windows 的版本信息以及 Python 程序需要的依赖,然后根据分析结果打包。

pyinstaller index.py 命令按顺序自动执行下列操作。

(1)在当前文件夹中创建规格文件 index.spec。
(2)在当前文件夹中创建 build 子文件夹。
(3)在 build 子文件夹中写入一些日志文件和临时文件。
(4)在当前文件夹中创建 dist 子文件夹。
(5)在 dist 子文件夹中创建 index 子文件夹。
(6)将生成的可执行文件 index.exe 及相关文件写入 index 子文件夹。index 子文件夹的内容即为 pyinstaller 打包的结果。
(7)打包为一个可执行文件。在 pyinstaller 命令中使用 "-F" 或 "--onefile" 选项,可将 Python 程序及其所有依赖打包为一个可执行文件,此处仍以上面的 index.py 程序为例。pyinstaller 在打包一个可执行文件时,同样会创建规格文件、build 文件夹和 dist 文件夹,dist 文件夹保存打包生成的可执行文件 index.exe。

## 习 题

1. 模块和包的区别是(　　)。
   A. 模块是一个目录,包含多个文件;包是一个文件,包含多个模块
   B. 模块是一个文件,包含多个函数和变量;包是一个目录,包含多个模块
   C. 模块是一个函数,包含多个变量;包是一个类,包含多个方法
   D. 模块和包没有区别
2. 在 Python 中,使用(　　)关键字来导入模块或库。
   A. import　　　　　　　　　　B. use
   C. require　　　　　　　　　　D. load
3. 通过(　　)可将一个 Python 文件变成可导入的模块。
   A. 将文件保存为 .txt 格式
   B. 将文件保存为 .doc 格式
   C. 将文件保存为 .py 格式,并在需要导入的文件中使用 import 语句
   D. 将文件保存为 .exe 格式
4. 下面(　　)库用于生成随机数。
   A. time　　　　　　　　　　　B. random
   C. datetime　　　　　　　　　D. sys
5. turtle 库通常用于(　　)。
   A. 处理时间和日期　　　　　　B. 生成随机数
   C. 绘制图形和动画　　　　　　D. 分割中文文本
6. jieba 库的主要功能是(　　)。
   A. 生成随机数　　　　　　　　B. 绘制词云图
   C. 处理时间和日期　　　　　　D. 分割中文文本
7. 下列(　　)函数用于延时执行程序。
   A. sleep()　　　　　　　　　 B. delay()
   C. wait()　　　　　　　　　　D. pause()
8. 在 Python 中,(　　)语句可以导入整个包。
   A. import package　　　　　　B. import package.module
   C. import module from package　D. import package.*
9. (　　)是 Python Package Index(PyPI)。
   A. 一个 Python 程序的主函数　　B. 一个 Python 库的集合
   C. 一个 Python 模块的集合　　　D. 一个 Python 发行版的集合
10. (　　)可将自己编写的 Python 库发布到 PyPI 上。
    A. 将库文件上传至任何网站　　B. 将库文件上传至 GitHub
    C. 使用 pip 命令安装　　　　　D. 使用 twine 命令上传

# 第9章 面向对象

### 本章导语

面向对象编程是现代编程中的重要范式之一，它通过抽象、封装、继承和多态等概念，使程序更加模块化、灵活和易于维护。本章将深入探讨面向对象的思想，从类和对象的基础概念到高级应用技巧，帮助读者掌握面向对象编程的精髓。

通过本章内容的学习，希望读者深入了解面向对象编程的原理和技巧，能够更加灵活地设计和实现各种复杂的程序，并提高代码的可读性和可维护性。

### 学习目标

（1）理解面向对象编程的基本概念，包括类和对象的概念以及它们之间的关系。
（2）能够定义和使用类，包括如何定义属性和方法，并了解类的命名规范和风格。
（3）理解对象的创建过程，包括对象的初始化和构造方法的使用。
（4）掌握属性和方法的概念与用法，能够定义和调用对象的属性和方法。
（5）了解封装的概念与原理，能将数据和方法封装在类内部，实现数据的隐藏保护。
（6）掌握继承的概念与用法，包括如何创建子类、继承父类的属性和方法。
（7）了解多态的概念与特点，并能够正确应用多态性。

## 9.1 面向对象思想

计算机语言总的来说分为机器语言、汇编语言和高级语言三大类。而这三种语言也恰恰是计算机语言发展历史的三个阶段。

机器语言：这是计算机语言的最原始形态，也是第一代计算机语言。机器语言直接使用二进制代码来编写程序，这些二进制代码能够被计算机的中央处理单元（CPU）直接理解和执行。由于每台计算机的指令集不同，因此机器语言通常是特定于某一型号的计算机语言。

汇编语言：作为第二代计算机语言，汇编语言是为了简化机器语言编程而开发的语言。汇编语言使用助记符（Mnemonics）来代替二进制代码，使程序更加易于阅读和编写。然而，汇编语言仍然需要针对特定的硬件进行优化，并且与机器语言一样，需要经过汇编器转换为机器代码才能执行。

高级语言：第三代计算机语言是高级编程语言，它们提供了更为抽象的编程方式，使程序员能够不依赖具体硬件来编写程序。高级语言通常具有更丰富的数据类型、控制结构以及更高级的内存管理功能。这些语言需要通过编译器或解释器转换成机器语言才能在计算机上运行。FORTRAN 是世界上第一个真正的高级计算机语言,诞生于 1957 年,由 IBM 设计并用于科学计算。

计算机语言的发展遵循着易用性和功能强大化的规律,即向着更易于人类使用、功能更强大的方向发展。如今,我们拥有各种类型的编程语言,如 C、Java、Python 等,它们适用于不同的应用场景和开发需求。总之,计算机语言从最初的机器语言到现代的高级语言,其发展历程反映了人类对于计算机编程技术的不断探索和创新。随着技术的不断进步,未来的计算机语言可能会更加智能化、集成化,以适应不断变化的技术环境和开发者的需求。

面向对象的程序设计语言必须有描述对象及其相互之间关系的语言成分。这些程序设计语言可以归纳为以下几类:系统中一切事物皆为对象;对象是属性及其操作的封装体;对象可按其性质划分为类,对象成为类的实例;实例关系和继承关系是对象之间的静态关系;消息传递是对象之间动态联系的唯一形式,也是计算的唯一形式;方法是消息的序列。

面向对象(Object Oriented,OO)是当前计算机界关心的重点,它是 20 世纪 90 年代软件开发方法的主流。面向对象的概念和应用已超越了程序设计和软件开发,扩展到很宽的范围,如数据库系统、交互式界面、应用结构、应用平台、分布式系统、网络管理结构、CAD 技术和人工智能等领域。

## 9.2 类和对象

### 9.2.1 类的定义

在 Python 中,类是通过 class 关键字定义的。

类的命名习惯上采用驼峰命名法,即每个单词首字母大写,以便于阅读和理解。定义类时,通常会包含属性和方法,这些属性和方法被所有类的实例共享。类还可以定义一个特殊的 __init__ 方法,这个方法是一个初始化方法,当创建类的实例时会自动调用,用于设置实例的初始状态。

此外,类可以继承自其他类,这样子类就可以拥有父类的属性和方法。在 Python 中,所有的类默认继承自 object 类,这是一种通用的基类,提供了一些基础的功能。如果在定义类时没有显式指定继承自哪个类,那么默认会继承自 object 类。

类包括数据成员和成员方法。创建类时,用变量形式表示对象特征的成员称为数据成员,用函数形式表示对象行为的成员称为成员方法,数据成员和成员方法统称为类的成员。

在 Python 中,使用关键字 class 定义类。

1) 派生自 object 类的类

(1) Python 中,object 类是所有类的基类。它可以省略不写,省略时,类名后面的圆括号也可以省略不写。

(2) 类名的首字母一般大写,类名后面的冒号 (:) 不能省略。

(3) 数据成员和成员方法要注意缩进保持一致。

2) 派生自其他基类的类

(1) Python 支持多继承,即可以有多个基类,不同基类之间用逗号隔开。

（2）基类名要括在一对圆括号内。
（3）圆括号后的冒号(:)不能省略。
（4）数据成员和成员方法要注意缩进保持一致。

**1. 数据成员**

根据变量定义的位置及方式,数据成员(变量)分为以下几类。

（1）类数据成员(类变量):用来描述类的特征,为类的所有实例共有,内存中只存在一个副本,在类中所有成员方法之外定义。

（2）实例数据成员(实例变量):用来描述实例的特征,为每个实例分别拥有,在成员方法内部,定义和使用时必须以 sel 作为前缀。

（3）局部数据成员(局部变量):在成员方法内部,以"变量名 = 变量值"的方式定义的变量,为所在成员方法所拥有。

**2. 成员方法**

根据成员方法定义方式,成员方法分为以下几类。

1）实例方法

实例方法用来描述实例的行为,属于实例。通常情况下,在类中定义的方法默认都是实例方法。

实例方法又分为公有方法和私有方法,其中私有方法的名字以两个下画线(＿)开始。公有方法可以通过对象名直接调用,私有方法不能通过对象名直接调用,可以在其他实例方法中通过前缀 self 进行调用或在外部通过特殊的形式来调用。

所有实例方法的第一个参数必须为 self,它代表当前对象。在实例方法中访问实例成员时需要以 self 为前缀,但在外部通过对象名调用对象方法时并不需要传递这个参数。如果在外部通过类名调用属于对象的公有方法,需要显式为该方法的 self 参数传递一个对象名,用来明确指定访问哪个对象的成员。

2）类方法

类方法用来描述类的行为,为类的所有实例所共享。定义成员方法时,使用"@classmethod"装饰器来表明是类方法。类方法一般以 cls 作为类方法的第一个参数,cls 表示该类自身,在调用类方法时不需要为该参数传递值。

3）静态方法

静态方法属于类,为类对象提供辅助功能。定义成员方法时,使用"@staticmethod"装饰器来表明是静态方法。静态方法参数列表中既没有 cls,也没有 self,可以不接收任何参数。

### 9.2.2　类的使用

在 Python 中,面向对象编程的核心是类(Class)和实例(Instance)。类可以看作创建对象的模板,它定义了对象的属性和方法。而实例则是基于类创建的具体对象,每个实例都有自己的状态和行为。

下面通过一个简单的步骤说明如何在 Python 中定义一个类。

（1）使用关键字 class。使用 class 关键字开始类的定义,后跟类名。类名通常采用驼峰命名法,即每个单词首字母大写。

（2）定义属性和方法。在类的内部,可以定义变量(称为属性)和函数(称为方法)。属性用于存储与对象相关的数据,而方法则定义了对象可以执行的操作。

（3）初始化方法 \_\_init\_\_。通常会在类中定义一个特殊的方法 \_\_init\_\_,这个方法会在创建新实例时自动调用,用于初始化对象的状态。

（4）创建实例。通过调用类名并传递必要的参数来创建类的实例。一旦实例化,就可以访问类中定义的属性和方法。

（5）封装。面向对象编程的一个重要特性是封装,这意味着可以将数据(属性)和操作数据的函数(方法)捆绑在一起,从而隐藏对象的内部实现细节。

（6）继承和多态。继承允许一个类(子类)继承另一个类(父类)的属性和方法,同时可以添加或修改自己的属性和方法。多态则是指不同类的对象可以通过相同的接口进行不同的操作。

（7）访问限制。可以通过特定的方法来限制对属性的访问,例如使用 getter 和 setter 方法来控制属性的读取和修改。

（8）类属性和实例属性。类属性是所有实例共享的,而实例属性是属于每个独立实例的。

（9）静态方法和类方法。静态方法是不接收实例或类作为第一个参数的方法,而类方法接收类作为第一个参数。这些方法通常用于实现与实例无关的功能。

综上所述,Python 中的面向对象类定义涉及多个方面,包括类的创建、属性和方法的定义、初始化、封装、继承和多态以及访问控制等。通过这些机制可以创建出具有良好组织结构和高度可维护性的程序。

### 9.2.3 对象的创建

对象是面向对象编程中的一个核心概念,它是基于类创建的。类可以看作创建对象的蓝图,它定义了对象的数据(属性)和行为(方法)。当根据类创建对象时,这个对象就会拥有类中定义的属性和方法。例如,如果有一个名为 Dog 的类,它有 name 和 age 两个属性以及一个 bark 方法,那么创建的 Dog 对象也将具有这些属性和方法。

类是创建对象的模板,对象是通过类创建的数据结构实例。实例化就是创建一个类的实例,这个实例就是一个对象。每个对象都是类的一个具体实例,拥有类的成员变量和成员方法。一个类可以创建多个对象。

对已创建的类进行实例化,称实例化类的对象,简称创建对象。

其语法格式如下:

```
ClassName()
```

类名 ClassName 是已经定义的类名称,其功能是创建该类的一个对象或实例。

创建的对象或实例可以赋值给一个变量,赋值后该变量就表示这个类的一个对象 object_name,变量的类型为类类型,类也是一种类型,每个对象都是类类型的一个变量。

其语法格式如下:

```
object_name = ClassName()
```

对象名 object_name 本质是一个变量。为了区分普通的变量,在面向对象中一般称为对象,而不称为变量。

例如,创建 Student 类的对象(或称实例),并赋值给 stu 对象,对 stu 对象进行初始化。

```
stu=Student()    # 创建 Student 类的对象,并赋值给 stu,stu 的类型是 student 类型
```

示例代码如下:

```
# 定义 Student 类
class Student:
    def __init__(self):
        self.no = ""
        self.name = ""
        self.age = 0
        self.credit = []
st1 = Student()              # 创建 Student() 类的一个对象,并赋值给 st1 变量
# 修改实例变量的值
st1.no = "20201101"          # 用"对象名,类变量"访问
st1.name = "张三"
st1.gender = "男"
st1.age = 19
st1.credit = [5, 10, 5, 8, 3]    # 学分列表
# 调用方法
print("姓名:{},年龄:{},总学分:{}".format(st1.name, st1.age, st1.credit))
st2 = Student()              # 创建 Student() 类的一个对象,并赋值给 st2 变量
st2.no = "20201103"          # 用"对象名.类变量"访问
st2.name = "李四"
st2.gender = "女"
st2.age = 20
st2.credit = [5, 10, 5, 8, 3, 8]
# 调用方法
print("姓名:{},年龄:{},总学分:{}".format(st2.name, st2.age, st2.credit))
```

在 IDLE 中,可以把类的定义和创建对象的程序写在 .py 文件中,但要注意定义类的语句必须写在创建对象之前。

程序运行结果如下:

```
姓名:张三,年龄:19,总学分:[5, 10, 5, 8, 3]
姓名:李四,年龄:20,总学分:[5, 10, 5, 8, 3, 8]
```

## 9.3 属性和方法

### 9.3.1 属性

Python 的属性分为实例属性和类属性,实例属性是以 self 为前缀的属性,如果构造函数中定义的属性没有使用 self 作为前缀声明,则该变量只是普通的局部变量,类中其他方

法定义的变量也只是局部变量,而非类的实例属性。

#### 1. 实例属性

实例属性一般是指在构造函数 __init__() 中定义的,定义和使用时必须以 self 为前缀。

Python 中类的构造函数 __init__ 用来初始化属性,在创建对象时自动执行。构造函数属于对象,每个对象都有属于自己的构造函数。若开发人员未编写构造函数,Python 将提供一个默认的构造函数。

【例 9.1】 实例属性。

程序如下:

```
class cat:
    def __init__(self, s):
        self.name = s        # 定义实例属性
```

构造函数对应的是析构函数。Python 中的析构函数是 __del__,用来释放对象所占用的空间资源,在 Python 回收对象空间资源之前自动执行。同样,析构函数属于对象,对象都会有自己的析构函数。若开发人员未定义析构函数,Python 将提供一个默认的析构函数。

> 注意:__init__ 中 "__" 是两个下画线,中间没有空格。

#### 2. 类属性

类属性属于类,是在类中所有方法之外定义的数据成员,可通过类名或对象名访问。

【例 9.2】 类属性定义与使用。

程序如下:

```
class Cat:
    size = 'small'      # 定义类属性
    def __init__(self, s):
        self.name = s   # 定义实例属性
cat1 = Cat('mi')
print(cat1.name, cat1.size)
```

程序运行结果:

```
mi  small
```

在类的方法中可以调用类本身方法,也可以访问类属性及实例属性。值得注意的是,Python 可以动态地为类和对象增加成员,这点与其他面向对象语言不同,也是 Python 动态类型的重要特点。

【例 9.3】 动态增加成员。

程序如下:

```
cat1.size = 'big'            # 修改类属性
cat1.price = 1000            # 增加类属性
cat1.name = 'maomi'          # 修改实例属性
```

Python 成员有私有成员和共有成员,若属性名以两个下画线 "__"(中间无空格)开头,则该属性为私有属性。私有属性在类的外部不能直接访问,须通过调用对象的共有成员方法或 Python 提供的特殊方式来访问。Python 为访问私有成员所提供的特殊方式,用于测试和调试程序,一般不建议使用,该方法如下:

```
对象名.__类名＋私有成员
```

共有属性是公开使用的,既可以在类的内部使用,也可以在类的外部程序中使用。

【例 9.4】 共有成员和私有成员。

程序如下:

```
class Animal:
    def __init__(self):
        self.name = 'cat'           # 定义共有成员
        self._color = 'white'       # 定义私有成员
    def setValue(self, n2, c2):
        self.name = n2              # 类的内部使用共有成员
        self._color = c2            # 类的内部访问私有成员
a = Animal()                        # 创建对象
print(a.name)                       # 外部访问共有成员
print(a._Animal__color)             # 外部特殊方式访问私有成员
```

程序运行结果:

```
cat
white
```

**注意**:Python 中不存在严格意义上的私有成员。

### 9.3.2 方法

方法是实例对象的接口,外界通过方法来存取实例,所以方法是实例与外界沟通的管道。

下面以 Book 为例,介绍类的方法的定义和使用。Book 类的实例存储了 3 个数据,即书名(title)、定价(cover_price)和折扣(discount),还定义了各种存取方法。在 class 语句中定义的名称,如 get_discount 和 get_price 等都成为该类的属性项,若是函数,则成为实例对象的方法。

示例代码如下:

```
class Book:
    def __init__(self, title, cover_price, discount):
        self.title = title
        self.cover_price = cover_price
        self.discount = discount
    def set_title(self, title):
        self.title = title
    def get_title(self):
        return self.title
    def set_cover_price(self, cover_price):
        self.cover_price = cover_price
```

```
        def get_cover_price(self):
            return self.cover_price
        def set_discount(self, discount):
            self.discount = discount
        def get_discount(self):
            return self.discount
        def get_price(self):
            return self.cover_price * (1 - self.discount)
```

### 1. 构造方法

在 Python 中,构造方法是一种特殊的方法,其名称固定为 __init__ ,在类实例化时,构造方法会被 Python 解释器自动调用,一般用来做一些准备工作。构造方法显示的定义格式如下:

(1)构造方法的名称是固定的,开头和结尾各有两个下画线,且中间不能有空格;

(2)构造方法可以包含多个参数,但必须包含且作为第一个参数的 self 参数;

(3)如果不显示定义构造方法,Python 会自动为类添加一个仅包含 self 参数的构造方法;

(4)类实例化时,要传递实参列表(除了 self 参数)给构造函数;

(5)创建类对象时,构造方法会被自动调用;

(6)Python 不支持函数重载,如果定义了多个构造函数,最后自动调用的是最后一个。

在开发环境 PyCharm 建立的项目中,新建一个 .py 文件,在项目文件中输入下列代码:

```
# 类的定义
class Student:
    # 定义构造方法
    def __init__(self, name, math, chinese, english):
        # 计算总成绩
        total = math + chinese + english
        print("%gs的总成绩为: %5.1f"%(name, total))
```

### 2. 析构方法

在 Python 中,析构方法是一个特殊的方法,用于释放对象占用的资源。当对象的生命周期结束时,它会被自动调用。析构方法的名称是 __del__。

代码如下:

```
class MyClass:
    def __init__(self):
        print(" 构造方法被调用 ")
    def __del__(self):
        print(" 析构方法被调用 ")
obj = MyClass()              # 创建对象,调用构造方法
del obj                      # 删除对象,调用析构方法
```

在以上例子中,当创建一个 MyClass 对象时,构造方法 __init__ 被调用。当使用 del 关键字删除对象时,析构方法 __del__ 被调用。

## 9.4 封装、继承和多态的概念与应用

### 9.4.1 封装

在面向对象编程中,封装(Encapsulation)是指将对象运行所需的资源封装在程序对象中。所需的资源基本上是指方法和数据。对象是"公布其接口"。其他附加到这些接口上的对象不需要关心对象实现的方法即可使用这个对象。这个概念就是"不要告诉我你是怎么做到的,只要做就可以了"。

使用封装这一思想,可以确保对象中数据的安全。

封装指的是隐藏对象中一些不希望被外部所访问到的属性或方法。封装隐藏对象中的属性有以下三种方法。

(1)将对象的属性名修改为一个外部不知道的名字,如 hidden_name。

(2)将对象的属性名修改为以双下画线开头,如 __name。

(3)将对象的属性名修改为以下画线开头,如 _name。

创建 People 类,定义名字、年龄和体重三个属性,定义 __init__( )方法,并定义公共的 speak( )方法。为了避免对象直接修改体重值,将体重进行封装。

具体代码如下:

```python
class People:
    # 定义基本属性
    name = ""
    age = 0
    # 定义私有属性,私有属性在类外部无法直接进行访问
    __weight = 0
    # 利用公共方法调用私有属性
    def get_weight(self):
        return self.__weight
    def set_weight(self, w):
        self.__weight = w
    # 定义构造方法
    def __init__(self, n, a, w):
        self.name = n
        self.age = a
        self.__weight = w
    def speak(self):
        print("%s 说: 我 %d 岁,我现在 %d 公斤" % (self.name, self.age, self.__weight))
# 实例化类
P1 = People('Tom', 10, 30)
P1.speak()
P2 = People('小明', 18, 30)
P2.speak()
```

### 9.4.2 继承

继承(Inheritance)是面向对象软件技术中的一个概念。如果一个类别 A 继承自另一个类别 B,就把这个 A 称为 B 的子类别,而把 B 称为 A 的父类别,也可以称 B 是 A 的超类。继承可以使得子类别具有父类别的各种属性和方法,而不需要再次编写相同的代码。在令子类别继承父类别的同时,可以重新定义某些属性,并重写某些方法,即覆盖父类别的原有属性和方法,使其获得与父类别不同的功能。另外,为子类别追加新的属性和方法也是常见的做法。一般静态的面向对象编程语言中,继承属于静态,即子类别的行为在编译期就已经确定,无法在执行期扩充。

继承是面向对象的三大特性之一。继承可以使用现有类的所有功能,并在无须重新编写原来类的情况下对这些功能进行扩展。

通过继承创建的新类称为子类或派生类,被继承的类称为基类、父类或超类。继承的过程就是从一般到特殊的过程。在某些面向对象编程(OOP)语言中,一个子类可以继承多个父类。但一般情况下,一个子类只能有一个父类,要继承多个父类,可以通过多重继承来实现。

通过继承可以直接让子类获取到父类的方法或属性,避免编写重复性的代码,所以我们经常需要通过继承来对一个类进行扩展。

类继承的表现方式是在子类后的括号中直接写父类的类名称。例如,本节示例中 Dog 类继承了 Animal 类。

创建一个动物类作为父类,动物类有一个 run( )方法。创建一个狗类继承动物类,再写一个 run( )方法,观察输出结果。

具体代码如下:

```python
# 创建一个父类(动物类)
class Animal:
    def run(self):
        print('动物会跑 ~~~')
# 创建一个狗类(动物类的子类)
class Dog(Animal):
    # 子类特有的方法
    def bark(self):
        print('汪汪汪 ~~~')
    # 子类重写父类的方法
    def run(self):
        print('狗跑 ~~~')
d=Dog()
d.run()
```

多重继承是面向对象编程中的一种概念,它允许一个派生类继承多个基类。

多重继承的目的是实现代码的复用和扩展性。通过多重继承,派生类可以获得多个基类的属性和方法,这样可以在更大的程度上重用代码。然而,多重继承也可能带来以下一些问题。

(1)复杂性增加。当一个类从多个基类继承时,可能会导致代码逻辑变得复杂,难以理解和维护。

（2）菱形继承问题。这是多重继承中一个著名的问题,指的是当一个类从两个或多个基类继承,而这些基类又有一个共同的基类时,可能会导致歧义和冲突。

（3）命名冲突。如果多个基类中有相同的方法或属性,派生类中可能会出现命名冲突。

值得一提的是,尽管多重继承提供了强大的功能,但由于其潜在的复杂性和可能引起的问题,一些编程语言(如 Python)允许多重继承,但在实际开发中并不鼓励频繁使用。开发者在使用多重继承时应当谨慎,确保代码的清晰性和可维护性。

代码示例如下:

```
class Animal:
    def __init__(self, name):
        self.name = name
    def speak(self):
        raise NotImplementedError("Subclass must implement this method")
class Dog(Animal):
    def speak(self):
        return "Woof!"
class Cat(Animal):
    def speak(self):
        return "Meow!"
class Pet(Dog, Cat):
    pass
pet = Pet(«Fido»)
print(pet.speak())              # 输出: Woof!
```

在上面这个例子中,首先定义了一个基类 Animal,它有一个 speak 方法;然后创建了两个派生类 Dog 和 Cat,它们分别继承了 Animal 类,并实现了自己的 speak 方法;最后创建了一个名为 Pet 的派生类,它同时继承了 Dog 和 Cat 类。

当创建一个 Pet 对象时,它会继承 Dog 和 Cat 类的方法和属性。在这个例子中,由于 Dog 类在继承顺序中排在 Cat 类之前,所以 Pet 对象调用 speak 方法时会执行 Dog 类的实现。

当使用多重继承时,需要注意避免命名冲突和菱形继承问题。

### 9.4.3 多态

多态(Polymorphism)按字面意思就是"多种形态"。在面向对象语言中,子类的多种不同的实现方式即为多态。引用 Charlie Calverts 对多态的描述——多态性是允许将父对象设置成为一个或更多的与它的子对象相等的技术。赋值之后,父对象就可以根据当前赋值给它的子对象的特性以不同的方式运作。

多态指的是一类事物有多种形态,一个抽象类有多个子类(因而多态的概念依赖于继承),不同的子类对象调用相同的方法,产生不同的执行结果。多态可以增加代码的灵活度。

代码如下:

```
class Animal:
    def speak(self):
        raise NotImplementedError("Subclass must implement this method")
class Dog(Animal):
    def speak(self):
        return "Woof!"
class Cat(Animal):
    def speak(self):
        return "Meow!"
def make_animal_speak(animal):
    print(animal.speak())
dog = Dog()
cat = Cat()
make_animal_speak(dog)          # 输出: Woof!
make_animal_speak(cat)          # 输出: Meow!
```

判断多态可以使用 isinstance( )函数。例如,有 A、B、C 三个类,B 类继承了 A 类,可以在 B 类中写"if isinstance( obj , A ):"语句来判断 B 类是否是 A 类的子类,C 类同理。如果判断结果为 B 类是 A 类的子类,则可以执行后面的代码;反之,则不执行。

```
# 定义一个方法,参数类型为对象
def say_hello(obj):
    # 做类型检查,只有继承 A 类才能执行方法
    if isinstance(obj, A):
        print(' 你好%s' % obj.name)
```

该函数的作用是类型检查。如果在其他函数中使用该函数,则只会判断类型,而无法处理其他类型对象。像 isinstance( )这样的函数,在开发中一般是不会使用的,因为它的适应性非常差。

## 习　　题

1. 面向对象编程的基本概念是(　　)。
   A. 函数和变量　　　　　　　　　　B. 类和对象
   C. 模块和包　　　　　　　　　　　D. 条件语句和循环
2. 类和对象之间的关系是(　　)。
   A. 类是对象的模板,对象是类的实例
   B. 类和对象是完全相同的概念
   C. 对象是类的模板,类是对象的实例
   D. 类和对象之间没有关系
3. 在 Python 中,可以使用(　　)定义一个类。
   A. class 关键字后跟类名和冒号　　　B. def 关键字后跟类名和冒号

C. class 关键字后跟对象名和冒号　　D. def 关键字后跟对象名和冒号
4. 对象的创建过程中,(　　)方法用于初始化对象的属性。
   A. init()　　　　　　　　　　B. create()
   C. start()　　　　　　　　　　D. setup()
5. 属性是对象的(　　)特征。
   A. 行为　　　　　　　　　　　B. 方法
   C. 变量　　　　　　　　　　　D. 函数
6. 方法是对象的(　　)行为。
   A. 属性　　　　　　　　　　　B. 变量
   C. 函数　　　　　　　　　　　D. 模块
7. 构造方法在对象创建过程中的作用是(　　)。
   A. 释放对象所占用的资源　　　B. 初始化对象的属性
   C. 定义对象的行为　　　　　　D. 继承父类的属性和方法
8. 下列(　　)关键字用于实现继承。
   A. extends　　　　　　　　　　B. inherit
   C. from　　　　　　　　　　　 D. class
9. 多态的主要特点是(　　)。
   A. 类和对象之间的关系
   B. 类的继承关系
   C. 同一方法在不同对象上产生不同的行为
   D. 封装数据和方法

# 第10章 正则表达式

> **本章导语**
>
> 在日常的文本处理工作中,我们经常需要从文本中提取特定格式的信息,如手机号码、邮箱地址、日期时间等。传统的字符串处理方法往往效率低下且不够灵活,而正则表达式的出现解决了这一难题。
>
> 通过本章内容的学习,希望读者掌握正则表达式的核心概念和基本技巧,能够灵活地应用正则表达式解决各种文本处理问题,提高文本处理的效率和准确率。

> **学习目标**
>
> (1)熟知 Python 正则表达式的概念。
> (2)掌握 re 库的基本使用方法。
> (3)掌握 re 库的 match 对象使用方法。
> (4)熟悉正则表达式的基本语法。
> (5)能够根据要求,使用正则表达式提取、匹配数据。

## 10.1 正则表达式的概念与语法

### 10.1.1 正则表达式的定义

用户在网站注册时需要提交手机号、用户名和邮箱号码等信息。网站开发人员为保证注册者提供的信息符合规则,需要对提交的信息进行判断。通常的做法一般是按照分类将它们一一列举出来并进行判断。但是这种方式既烦琐又占用空间,那么有没有一种更简单的表达方式呢?正则表达式就是为了解决这类问题而出现的。正则表达式规定了一组文本模式匹配规则的符号语言,一条正则表达式也称为一个模式,使用这些模式可以匹配指定文本中与表达式模式相同的字符串。

【例 10.1】 一个字符串以"PY"开头,后续存在不多于 10 个字符,且后续字符不能是"P"或"Y",请编写规则满足以上要求的字符串。

对于以上问题,在解决的时候可以把它枚举出来,因为它是有穷个。但是这样逐个枚举会很烦琐,很难将它们全部枚举出来。因此,可以用正则表达式来表示这种特点,即 PY[^PY]{0,10}。

正则表达式的优势是简洁,一行胜千言,通常用于判断某一个字符串是不是属于某个特征。

## 10.1.2 正则表达式的语法

正则表达式（Regular Expression）是一种用于描述字符串模式的强大工具，它可以用于搜索、替换和拆分等文本操作。

正则表达式语法由字符和操作符构成，一般包括字符类别、边界、选择、分组和引用、数量词、预定义模式、转义、贪婪和非贪婪匹配。

一些基本的正则表达式语法见表 10.1。

表 10.1 正则表达式操作符

| 操作符 | 说　　明 | 示　　例 |
| --- | --- | --- |
| . | 表示任何单个字符 | |
| [ ] | 字符集，对单个字符给出取值范围 | [abc] 表示 a、b、c，[a-z] 表示 a ~ z 单个字符 |
| [^ ] | 非字符集，对单个字符给出排除范围 | [^abc] 表示非 a 或 b 或 c 的单个字符 |
| * | 前一个字符出现零次或无限次扩展 | abc* 表示 ab、abc、abcc、abccc 等 |
| + | 前一个字符出现一次或无限次扩展 | abc+ 表示 abc、abcc、abccc 等 |
| ? | 前一个字符出现零次或一次扩展 | abc? 表示 ab、abc |
| \| | 左右表达式任取一个 | abc \| def 表示 abc 或 def |
| {m} | 扩展前一个字符 m 次 | ab{2}c 表示 abbc |
| {m,n} | 扩展前一个字符 m 至 n 次（含 n） | ab{1,2}c 表示 abc、abbc |
| ^ | 匹配字符串开头 | ^abc 表示 abc 且在一个字符串的开头 |
| $ | 匹配字符串结尾 | abc$ 表示 abc 且在一个字符串的结尾 |
| ( ) | 分组标记，内部只能使用 \| 操作符 | (abc) 表示 abc，(abc\|def) 表示 abc、def |
| \d | 数字，等价于 [0-9] | |
| \w | 单词字符，等价于 [A-Z a-z 0-9 _] | |

1）点字符"."

点字符表示任何单个字符。它可以代表字符表上所有出现的一个字符。

2）方括号"[ ]"

方括号是一个字符集，它对单个字符给出取值范围。

例如，[abc] 表示 a、b、c。[a-z] 表示 a ~ z 的单个字符。

3）[^]

如果在方括号里面，最前面的位置增加一个异或符。它是非字符集，说明在单个字符的取值范围中，给出了一个排除范围。

例如，[^abc] 表示出现一个字符，但这个字符不是 a，不是 b，也不是 c。

4）星号"*"

星号表示星号之前的字符出现 0 次或无限次扩展。

例如，abc* 表示 ab、abc、abcc、abccc 等，其中 c 出现 0 次或多次。

5）加号"+"

加号表示前一个字符出现一次或无限次扩展。

例如，abc+ 表示 abc、abcc、abccc 等，其中 c 出现一次或无穷多次。

6）问号 ""?""

问号表示前一个字符出现 0 次或一次扩展。

例如，abc? 表示 ab 或 abc。

7）或符号 "|"

或符号表示左右表达式任取其一。

例如，abc|def 表示 abc 或者是 def。

8）{m}

{m} 表示扩展大括号前面的字符 m 次。

例如，ab{2}c 表示 abbc，其中 b 被扩展了两次。大括号只对大括号前的一个字符进行扩展。

9）{m,n}

{m,n} 表示扩展前一个字符 m 到 n 次，其中包含 n 次。

例如，ab{1,2}c 表示 abc 或者 abbc，其中 b 被扩展了一次或两次。

10）或符号 "^"

如果或符号出现在方括号中，表示这个正则表达式匹配一个字符串的开头部分。

例如，^abc 表示 abc 且 abc 在一个字符串的开头部分。

11）Dollar 符号 "$"

也就是美元符号，表示匹配字符串的结尾。

例如，abc$ 表示 abc 且 abc 在一个字符串的结尾部分。

12）圆括号 "( )"

圆括号是分组标记。在括号内部只能使用 "或" 操作符。

例如，( abc ) 表示 abc。( abc|def ) 在增加分组标记后，它只表示 abc 或者 def。

13）\d

\d 表示数字，等价于 [0-9]。

14）\w

\w 表示单词字符，相当于 [a-zA-Z0-9_]

字符串经典案例如表 10.2 所示。

表 10.2　字符串经典案例

| 序号 | 正则表达式 | 表达式描述 |
| --- | --- | --- |
| 1 | ^[A-Za-z]+$ | 由 26 个字母组成的字符串 |
| 2 | ^[A-Za-z0-9]+$ | 由 26 个字母和数字组成的字符串 |
| 3 | ^-?\d+$ | 整数形式的字符串 |
| 4 | ^[0-9]*[1-9][0-9]*$ | 正整数形式的字符串 |
| 5 | [1-9]\d{5} | 中国境内邮政编码，6 位 |
| 6 | [\u4e00-\u9fa5] | 匹配中文字符 |
| 7 | \d{3}-\d{8}|\d{4}-\d{7} | 国内电话号码，如 0471-4909999 |

序号 1 正则表达式表示的是由 26 个字母组成的字符串。其中，^ 表示正则表达式的起始，$ 表示正则表达式的结尾，中间方括号中是大写的 A～Z 和小写的 a～z。它是由

26个字母组成的字符串的正则表达式。

我们对它扩展一下,将取值范围增加数字0～9。就能得到一个由26个字母和数字组成的字符串的正则表达式,即序号2的正则表达式。

序号3是一个整数形式的字符串。如果这个整数是负数,需要在开始增加一个负号,之后是数字,那么这个正则表达式表示的是正整数形式的字符串,即序号4。

序号5是中国境内的邮政编码的正则表达式,我们平时用到的邮政编码一般是6位数字组成的,邮政编码的首位字符一定是1～9,之后有五个数字类型,如邮政编码010070。

如果想判断一个字符串是不是属于中文,可以采用这样的字符串表达形式,用UTF-8编码来表示中文字符的取值范围,即序号6。

序号7正则表达式表示的是国内的座机电话号码。其中它的首位可能是三个字符或者四个字符,如电话号码0471-4909999。

【例10.2】 IP地址匹配。

整体流程为:首先IP地址字符串形式的正则表达式(IP地址分四段,每段0～255),再写出模糊匹配 \d+.\d+.\d+.\d+ 或 \d{1,3}.\d{1,3}.\d{1,3}.\d{1,3},最后精确匹配。

```
(([1-9]?\d|1\d{2}|2[0-4]\d|25[0-5]).){3}([1-9]?\d|1\d{2}|2[0-4]\d|25[0-5])
```

匹配IP地址的正则表达式设计如下。

一个IP地址是由四段有点分割的数字构成,每段取值0～255。可以用 \d+ 分割,重复四次表示IP地址 :\d+.\d+.\d+.\d+,或者也可以用 \d{1,3}.\d{1,3}.\d{1,3}.\d{1,3} 表示IP地址。但是无论哪一个,这两个正则表达式都不精确,属于IP地址的模糊匹配,如匹配300.305.400.500也没有问题。

所以,需要设计一个非常精确的IP地址的正则表达式。每一个点、每一个点和点之间的这一段取值是0-255,我们可以将它的取值范围分开。设计如下表示方法:

```
0-99:        [1-9]?\d
100-199:     1\d{2}
200-249:     2[0-4]\d
250-255:     25[0-5]
```

## 10.2 re库的基本应用

re库也叫正则表达式库,是Python的标准内置库,不需要额外安装,主要用来进行字符串匹配,直接调用import即可。re库使用raw string类型表达正则表达式,raw string类型也叫原生字符串类型。一个正则表达式可以表示为 r"text" 或者 r'text'。

【例10.3】 正则表达式如何表示?

中国大陆地区邮政编码的正则表达式可以表示为 r'[1-9]\d{6}'。

国内的座机电话号码可以表示为 r'\d{3}-\d{8}|\d{4}-\d{7}'。

原生字符串类型跟字符串类型不同的是,只需要在字符串的表示前加一个字符 r 即可。原生字符串是指不包含转义符的字符串。在 Python 语言中有一个转义符反斜杠,而原生字符串中间的反斜杠不被解释为转义符。当然,正则表达式库也可以采用 Python string 类型来表示正则表达式。但是因为 string 类型中将反斜杠表示为转义符,所以这样的使用更加烦琐。

在例 10.3 中,对于邮政编码中,由于中间出现了 \d。如果用普通的 string 类型表达正则表达式,则需要额外增加一个反斜杠表示正则表达式中的反斜杠。同时,所有的在正则表达式中出现反斜杠的地方,如果用 string 类型来表示,都要增加额外的反斜杠。所以,当正则表达式中包含转义符时,习惯使用 raw string 类型表示正则表达式。

re 库有很多的功能函数,其中最常用的功能函数有 8 个,分别是 search()、match()、findall()、split()、finditer()、sub()、subn() 和 compile(),见表 10.3。

表 10.3 re 库的主要功能函数

| 函数 | 说明 |
| --- | --- |
| re.search() | 在一个字符串中搜索匹配正则表达式的第一个位置,返回 match 对象 |
| re.match() | 从一个字符串的开始位置起匹配正则表达式,返回 match 对象 |
| re.findall() | 搜索字符串,以列表类型返回全部能匹配的子串 |
| re.split() | 将一个字符串按照正则表达式匹配结果进行分割,返回列表类型 |
| re.finditer() | 搜索字符串,返回一个匹配结果的迭代类型,每个迭代元素是 match 对象 |
| re.sub() | 在一个字符串中替换所有匹配正则表达式的子串,返回替换后的字符串 |
| re.subn() | 与 sub() 功能相同,区别在于 subn() 会返回包含替换结果和次数的元组 |
| re. compile() | 将正则表达式的字符串形式编译成正则表达式对象 |

### 1. search() 函数

在一个字符串中搜索匹配正则表达式的第一个位置返回 match 对象,若调用 search() 函数匹配成功,会返回一个匹配对象,否则返回 None。

格式如下:

```
re.search(pattern, string, flags=0)
```

具体参数如下。
- pattern:正则表达式的字符串或原生字符串表示;
- string:待匹配字符串;
- flags:正则表达式使用时的控制标记。

从这个函数的调用可以看到,它是通过正则表达式匹配 string,同时用一些标记来控制这样的查找。正则表达式使用时的常用标记主要有 3 个,见表 10.4。

表 10.4 正则表达式使用时的控制标记

| 常用标记 | | 说明 |
| --- | --- | --- |
| re.I | re.IGNORECASE | 忽略正则表达式的大小写,[A-Z] 能够匹配小写字符 |
| re.M | re.MULTILINE | 正则表达式中的 ^ 操作符能够将给定字符串的每行当作匹配开始 |
| re.S | re.DOTALL | 正则表达式中的 . 操作符能够匹配所有字符,默认匹配除换行外的所有字符 |

（1）re.I：表示 ignore case，在匹配正则表达式时，将忽略正则表达式中的大小写区分。当在正则表达式中使用 [a-z] 时，不仅能够匹配 A～Z，也能匹配 a～z。

（2）re.M：能够操作或作用于正则表达式中的异或操作符。异或操作符只匹配给定字符串的最开始部分。如果使用 re.M 标记，它可以匹配给定字符串的每行开始部分。如果这个字符串代表的是一篇文章，那么可以用字符串正则表达式匹配这篇文章的每一行，并且从每一行的开始部分开始进行匹配。

（3）re.S：是对正则表达式中的点操作符起作用，能够通过点操作符匹配所有的字符。

**注意**：在默认的 re 库中，第二操作符可以匹配除了换行符之外的所有字符，但它不能匹配换行符。如果用 re.S 标记，这个点就可以匹配所有字符，包括换行符。

**【例 10.4】** 匹配字符串"imeic 010070"中的邮政编码。

匹配流程如下。

（1）导入 rc 库。
（2）分析邮政编码特点，编写和邮政编码相匹配的正则表达式。
（3）使用 search() 函数进行匹配。
（4）对匹配结果进行判断。
（5）输出匹配结果。

```
import re
ma = re.search(r'[0-9]\d{5}', 'imeic 010070')
if ma:
    print(ma.group(0))
```

使用 import 导入 re 库，用变量 ma 表示搜索匹配返回结果，其中 search 函数括号中分别表示邮政编码的正则表达式和待匹配的字符串，对变量 ma 进行判断，如果不为空，即可输出。使用 PyCharm 运行程序，程序运行结果如下：

```
010070
```

**2. match() 函数**

从一个字符串的开始位置起匹配正则表达式，返回 match 对象。也是匹配正则表达式，但是它只在给定字符串的开始位置匹配正则表达式。

格式如下：

```
re.match(pattern, string, flags=0)
```

它的三个参数与 search( ) 函数相同。

**【例 10.5】** 匹配字符串"010070 imeic"中的邮政编码。

本例在匹配时选用 match() 函数，原因是 match 函数是从字符串的开始位置进行匹配，如果在最开始位置没有找到所要匹配的字符串，就不会再往后进行匹配，会返回一个空值。程序代码如下：

```
import re
ma = re.match(r'[0-9]\d{5}','010070 imeic')
if ma:
```

```
        print(ma.group(0))
```

使用 PyCharm 运行程序,程序运行结果如下:

```
010070
```

### 3. findall() 函数

findall() 函数是搜索字符串,能够以列表形式返回全部能够匹配的子串。在给定的字符串中发现所有与正则表达式相同的字符串的子串。

格式如下:

```
re.findall(pattern, string, flags=0)
```

它的三个参数与 search()、match() 函数相同。

**【例 10.6】** 查找能与字符串"imeic010070 imnu010071"匹配的邮政编码。

本例解题思路与例 10.4 相同,因为待匹配字符串与例 10.4 不同,有两个邮政编码号,所以在匹配时选用 findall() 函数,原因是 findall() 函数够以列表形式返回全部能够匹配的子串。

程序代码如下:

```
import re
ma = re.findall(r'[0-9]\d{5}','imeic010070  imnu010071')
print(ma)
```

使用 PyCharm 运行程序,程序运行结果如下:

```
['010070', '010071']
```

### 4. split() 函数

split() 函数能够将一个字符串按照正则表达式匹配的结果进行分割,分割之后返回子串的列表类型。

格式如下:

```
re.split(pattern, string, maxsplit=0, flags=0)
```

具体参数如下。

- pattern:正则表达式的字符串或原生字符串表示;
- string:待匹配字符串;
- maxsplit:最大分割数,剩余部分作为最后一个元素输出;
- flags:正则表达式使用时的控制标记。

它一共有四个参数。pattern、string 和 flag 与上面函数中表达的意思一样,参数 maxsplit 表示的是最大分割数,即输入这个函数时,用户可以定义将一个字符串分割出多少部分。超过最大分割数的这些部分可以作为一个整体的部分最后输出。

**【例 10.7】** 将"先天下之忧而忧,后天下之乐而乐。"这句话使用"之"字进行分割,最大分割次数为 2 次。

本例解题思路与案例 10-4 相同,因为需要分割,所以在匹配时选用 split() 函数,程序代

码如下:

```
import re
ma = re.split(r'\ 之 ',"先天下之忧而忧, 后天下之乐而乐。",maxsplit=2)
print(ma)
```

使用 PyCharm 运行程序,程序运行结果如下:

```
[' 先天下 ', ' 忧而忧, 后天下 '' 乐而乐。"]
```

#### 5. finditer() 函数

finditer() 函数能够搜索一个字符串,返回一个匹配结果的迭代类型。每个迭代元素是一个 match 对象,因此它可以通过循环方式对每一个匹配进行相关操作。

格式如下:

```
re.finditer(pattern, string, flags=0)
```

它的三个参数与 search()、match()、findall() 函数相同。

【例 10.8】 搜索字符串中所有包括邮政编码的字符串。

本例解题思路与例 10.4 相同,因为需要进行全部搜索,所以在匹配时选用 finditer() 函数,程序代码如下:

```
import re
for m in re.finditer(r'[0-9]\d{5}','imeic010070  imnu010071'):
    if m:
        print(m.group(0))
```

输出搜索后的返回结果,使用 PyCharm 运行程序,程序运行结果如下:

```
010070
010071
```

#### 6. sub() 函数

只在一个字符串中替换所有匹配正则表达式的子串,返回替代后的字符串。

格式如下:

```
re.sub(pattern, repl, string, count=0, flags=0)
```

具体参数如下。

- pattern:正则表达式的字符串或原生字符串表示;
- repl:替换匹配字符串的字符串;
- string:待匹配字符串;
- count:匹配的最大替换次数;
- flags:正则表达式使用时的控制标记。

sub() 函数能够在一个字符串中替换所有匹配正则表达式的子串。并返回替换后的字符串。简单来讲,就是用一个新的字符串替换正则表达式匹配的那些字符串,并与原来的字符串进行组合,返回一个新的字符串。sub 函数的参数有五个,其中的 pattern、string、flags 和上面函数中是同样的意思,repl 表示的是替换匹配字符串的字符串,count 表示匹配的最大替换次数。

**【例 10.9】** 将字符串"imeic010070 imnu010071"中的邮政编码替换成".edu.cn"。

导入 re 库,分析邮政编码特点,编写和邮政编码相匹配的正则表达式,使用 sub() 函数进行匹配,统计替换次数,输出匹配结果。

```
imprt re
s=re.sub(r'[0-9]\d{5}', '.edu.cn','imeic010070  imnu010071',count=2)
print(s)
```

使用 sub() 函数对字符串进行替换,输出替换后的结果。使用 PyCharm 运行程序,程序运行结果如下:

```
imeic.edu.cn    imnu.edu.cn
```

### 7. subn() 函数

sunb() 函数与 sub() 函数的参数及功能相同,不同的是调用成功后,sub() 函数会返回替换后的字符串,subn() 函数会返回包含替换结果和次数的元组。

**【例 10.10】** 对例 10.9 使用 subn() 函数进行替换,替换次数也为 2 次。

```
import re
s1=re.subn(r'[0-9]\d{5}','.edu.cn','imeic 010070  imnu 010071')
print(s1)
```

使用 PyCharm 运行程序,程序运行结果如下:

```
('imeic .edu.cnimnu .edu.cn',2)
```

### 8. compile() 函数

将正则表达式的字符串形式编译成正则表达式对象。

格式如下:

```
regex = re.compile(pattern, flags=0)
```

compile() 函数有两个参数,pattern、flags 和上面函数中表示的是同样的意思。pattern 是正则表达式的字符串或原生字符串表示,并不是正则表达式,它只是一种表示,如果通过编译生成了一个对象 ragex,这个 ragex 才是正则表达式,它代表了一组字符串。所以,可以通过这样的函数来实现正则表达式与字符串表示之间的对应。经过 compile 之后的正则表达式可以使用它的对象方法,而这个对象的方法与 re 库提供的 6 个操作方法一致。

**【例 10.11】** 匹配字符串"imeic 010070"中的邮政编码。

```
import re
pat = re.compile(r'[0-9]\d{5}')
rst = pat.search('imeic 010070')
```

```
print(rst)
```

本例是例 10.3 的不同解法,是通过面向对象的这种方式来使用正则表达式。它包含两个部分:第一个部分首先使用 re.compile 将一个正则表达式的字符串编译成一个正则表达式的类型,称为 pat,也叫 pattern 类型;然后使用 pattern 对象直接调用 search 方法来获得相应结果。这种方法的好处是经过一次编译,当需要多次对正则表达式进行使用和匹配时,就可以用这种方式来加快整个程序的运行。

【例 10.12】 使用 re.search 匹配字符串"imeic 010070"中的邮政编码。

这种方法像一个函数调用一样,称为函数式用法。

正则对象的方法大多在 re 模块中也有对应的函数实现,因此用户可通过"正则对象.方法"的方式或"re.函数"的方式使用。

## 10.3 re 库的 match 对象

调用正则表达式库中的 search match 方法之后,它会返回一个 match 对象。而 match 对象就是一次匹配的结果,它包含了很多匹配的相关信息。

【例 10.13】 对于例 10.3,查看变量 ma 的类型。

```
import re
ma = re.search(r'[0-9]\d{5}', 'imeic 010070')
if ma:
    print(ma.group(0))
print(type(ma))
```

使用 PyCharm 运行程序,程序运行结果如下:

```
010070
<class 're.Match'>
```

运行结果类型为 re.match,match 对象有很多属性,这里主要介绍四个属性。
match 对象的四个常用方法见表 10.5。

表 10.5 match 对象的方法

| 方　法 | 说　　明 |
| --- | --- |
| group(0) | 获得匹配后的字符串 |
| start() | 匹配字符串在原始字符串的开始位置 |
| end() | 匹配字符串在原始字符串的结束位置 |
| span() | 返回 (.start(),.end()) |

(1) group(0) 方法。group(0) 表示获得匹配后的字符串。除了 group(0),还有 group(1)、group(2) 等。但是对于一般的正则表达式,group(0) 就可以获得匹配后的字符串。

(2) start() 方法。表示匹配字符串在原始字符串中的开始位置。

(3) end() 方法。表示匹配字符串在原始字符串的结束位置。

(4) span() 方法。结果返回一个元组类型,它分别包含 start() 和 end() 两个位置。所以说 match 对象包含了一次正则表达式匹配过程中出现的更多的信息。

match 对象还有一个 groups() 方法,使用该方法可以获取一个包含所有子组匹配结果的元组。在使用 groups() 方法时,如果正则表达式中不包含子组,则 groups() 方法返回一个空元组。

**【例 10.14】** match 对象属性与方法的应用。

```
import re
m = re.search(r'\照排',' 王选,计算机汉字激光照排技术创始人,被称为 " 当代毕昇 "、" 汉字激光照排系统之父 "')
print(m.string)          # 输出待匹配的文本
print(m.re)              # 输出匹配时使用的正则表达式
print(m.pos)             # 输出正则表达式搜索文本的开始位置
print(m.endpos)          # 输出正则表达式搜索文本的结束位置
print(m.group(0))        # 输出匹配成功后的字符串
print(m.start())         # 输出匹配字符串在原始字符串的开始位置
print(m.end())           # 输出匹配字符串在原始字符串的结束位置
print(m.span())          # 以元组形式输出第八行和第九行的结果
match = re.search('(三院)(院士)',' 王选,北京大学教授、中国科学院、中国工程院、第三世界科学院 " 三院院士 "。')
print(match.groups())    # 输出包含所有子组匹配结果的元组
```

用 search() 搜索匹配字符串,用变量 m 表示搜索匹配返回结果。

使用 PyCharm 运行程序,程序运行结果如图 10.1 所示。

```
C:\Users\86152\PycharmProjects\demo01\venv\Scripts\python.exe C
王选,计算机汉字激光照排技术创始人,被称为"当代毕昇"、"汉字激光照排系统之父"
re.compile('\\照排')
0
40
照排
10
12
(10, 12)
('三院', '院士')
```

图 10.1　运行结果

## 10.4　re 库的贪婪匹配和最小匹配

### 10.4.1　re 库的贪婪匹配

贪婪匹配方式也称为匹配优先,即在可匹配也可不匹配时,优先尝试匹配;重复匹配中使用的元字符("?""*""+""{}")默认为匹配优先。

**【例 10.15】** 在同时匹配长短不同的多项,返回哪一个呢?

代码如下:

```
import re
ma = re.search(r'1992.*。', '1992年,王选研制成功世界首套中文彩色照排系统。')
print(ma.group(0))
```

在例 10.15 中,我们用 search() 函数在一个字符串上匹配一个综合表达式。这个正则表达式"1992.*。"表示的是以"1992"开头,以句号(。)结尾,中间可以有若干个字符串的字符串。我们匹配的是"1992年,王选研制成功世界首套中文彩色照排系统。"这样一个字符串。这样一个正则表达式,可以在给定字符串中存在多项匹配。匹配的长短也不相同,最短的是"1992年。"这个字符串,最长的是整个字符串。那正则表达式库会返回哪一个结果呢?

使用 PyCharm 运行程序,程序运行结果如图 10.2 所示。

```
C:\Users\86152\PycharmProjects\demo01\venv\
1992年,王选研制成功世界首套中文彩色照排系统。
```

图 10.2 例 10.15 运行结果

re 库默认采用贪婪匹配的方式。也就是说,它能够在给定字符串中找到一个最长的匹配正则表达式的子串,并返回这个子串,称最长匹配。如果不加任何标识,只使用 search() 函数将返回"1992年,王选研制成功世界首套中文彩色照排系统。"整个字符串。由此发现 re 库默认采用贪婪匹配,即输出匹配最长。

### 10.4.2 re 库的最小匹配

最小匹配方式也称忽略优先,即在可匹配也可不匹配时,优先尝试忽略。

最小匹配在贪婪匹配的基础上进行了扩展,也就是说,如果希望得到最小匹配,需要对以下四个操作符进行扩展,操作符如表 10.6 所示。

表 10.6 最小匹配操作符

| 操作符 | 说　明 |
| --- | --- |
| *? | 前一个字符出现零次或无限次扩展,最小匹配 |
| +? | 前一个字符出现一次或无限次扩展,最小匹配 |
| ?? | 前一个字符出现零次或一次扩展,最小匹配 |
| {m,n}? | 扩展前一个字符出现 m 至 n 次(含 n),最小匹配 |

**注意**:只要长度输出可能不同的,都可以通过在操作符后增 ? 变成最小匹配。

**【例 10.16】** 请输出字符串 "Never, never, never, never give up." 的最小匹配,字符串以字符"Ne"开头,以字符"r"结尾。

```
import re
ma = re.search(r'Ne.*?r', 'Never, never, never, never give up.')
```

```
print(ma.group(0))
```

当有操作符可以匹配不同长度时,都可以在这个操作符的后面增加一个问号来获得最小匹配的结果。在 PyCharm 环境下运行程序,程序执行结果如图 10.3 所示。

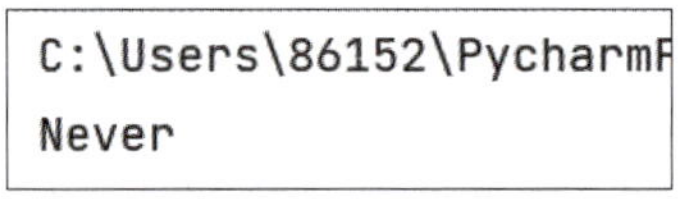

```
C:\Users\86152\PycharmP
Never
```

图 10.3　例 10.16 运行结果

## 10.5　案例:电影信息提取

案例描述:电影 .txt 文件中包含电影排名、电影名称、演员等信息,每种数据都有对应的标签,例如 rank 标签对应着电影排名,title 标签对应着电影名称,score 标签对应电影评分等。

使用正则表达式,提取电影排名、电影名称和电影评分输出排名前 20 的电影。电影内容如图 10.4 所示。

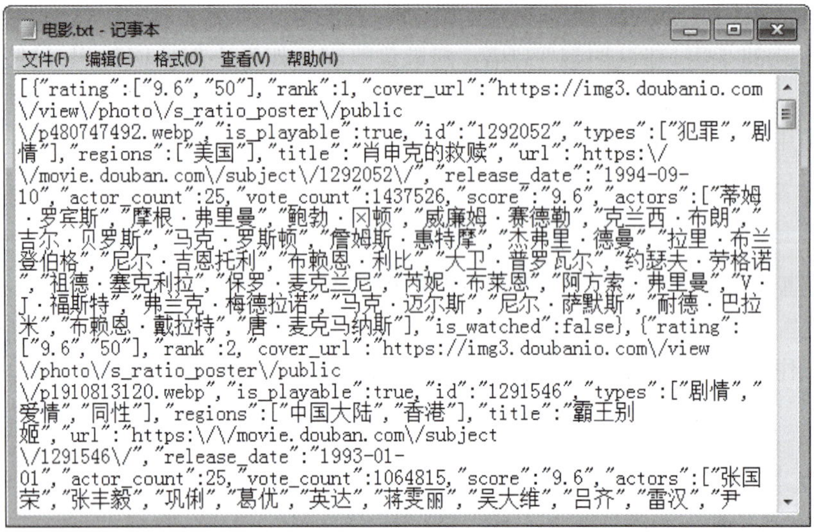

图 10.4　电影内容

代码主要实现以下三部分内容。

1)打印主界面

打印输出手机通讯录菜单功能。

首先定义一个名为 read_content() 函数读取文本内容,再使用 open 关键字打开文本,最后使用 read() 读取文本内容。

即先定义函数 read_content() 输出文本文件内容,再导入 re 模块,最后使用函数 read_content()。

使用 open() 以读模式打开文本文件,并把其所有内容读取出来赋值给 data,最后返回 data。

2）功能函数的定义

编写实现添加联系人、删除联系人、修改联系人、查找联系人和显示联系人功能。

首先定义一个名为 movie_info() 的无参函数,主要功能是实现正则表达式提取电影排名、电影名称和电影评分,再构造表示电影排名、电影名称和电影评分的正则表达式,然后预编译正则表达式,获取正则表达式的匹配结果,最后使用循环输出匹配结果。

定义函数 movie_info(),使用正则表达式匹配 title 标签和冒号后面的文字,并赋值给 title,使用正则表达式匹配 rating 标签和冒号后面的列表中的评分,赋值给 rating,使用正则表达式匹配 rank 标签和冒号后面的数字,赋值给 rank,接着分别对 title、rating、rank 进行预编译。

3）主函数的定义、调用

编写主函数实现相应功能。

定义一个主函数 main(),实现相应功能,调用主函数 main(),输出最终结果。

任务程序实现:定义主函数 main(),在主函数中调用函数 movie_info()。

```
import re
data = open("电影.txt", 'r', encoding='utf-8').read()
# 定义正则：匹配电影名称 / 评分 / 排名
title = r'"title":"(.*?)"'
rating = r'"rating":"(.*?)", "\d+"'
rank = r'"rank":(\d+)'
pattern_title = re.compile(title)
pattern_rating = re.compile(rating)
pattern_rank = re.compile(rank)
# 匹配结果
data_title = pattern_title.findall(data)
data_rating = pattern_rating.findall(data)
data_rank = pattern_rank.findall(data)
```

使用 PyCharm 运行程序,程序运行结果如图 10.5 所示。

```
排名前20的电影信息如下:
排名: 1      电影名: 肖申克的救赎      评分: 9.6
排名: 2      电影名: 霸王别姬          评分: 9.6
排名: 3      电影名: 控方证人          评分: 9.6
排名: 4      电影名: 伊丽莎白          评分: 9.6
排名: 5      电影名: 美丽人生          评分: 9.5
排名: 6      电影名: 辛德勒的名单      评分: 9.5
排名: 7      电影名: 这个杀手不太冷    评分: 9.4
排名: 8      电影名: 阿甘正传          评分: 9.4
排名: 9      电影名: 星际穿越          评分: 9.4
排名: 10     电影名: 泰坦尼克号 3D版   评分: 9.4
```

图 10.5　程序运行结果

```
排名： 11    电影名：背靠背，脸对脸    评分：9.4
排名： 12    电影名：灿烂人生          评分：9.4
排名： 13    电影名：茶馆              评分：9.4
排名： 14    电影名：十二怒汉          评分：9.4
排名： 15    电影名：巴黎圣母院        评分：9.4
排名： 16    电影名：控方证人          评分：9.4
排名： 17    电影名：罗密欧与朱丽叶    评分：9.4
排名： 18    电影名：盗梦空间          评分：9.3
排名： 19    电影名：泰坦尼克号        评分：9.3
排名： 20    电影名：千与千寻          评分：9.3
```

图 10.5（续）

可以看到排名第一，也就是评分最高的电影是《肖申克的救赎》，大多数同学应该都看过，这是一部非常经典的励志电影，电影中的经典台词：希望是美好的，也许是人间至善，而美好的事物永不消逝。告诉我们任何时候都不要放弃希望。

# 习　题

1. 正则表达式是用来(　　)。
   A. 匹配、搜索和替换文本中的特定模式
   B. 对文本进行加密
   C. 对文本进行压缩
   D. 对文本进行编码
2. 正则表达式的语法中，表示匹配任意单个字符的特殊字符是(　　)。
   A. *　　　　　　　　　　　　　　　　B. ?
   C. .　　　　　　　　　　　　　　　　D. +
3. 在 Python 中，用于进行正则表达式操作的标准库是(　　)。
   A. os　　　　　　　　　　　　　　　 B. re
   C. sys　　　　　　　　　　　　　　　D. math
4. match 对象包含了(　　)。
   A. 匹配的字符串　　　　　　　　　　B. 匹配位置
   C. 匹配的子组　　　　　　　　　　　D. 所有以上选项
5. 贪婪匹配是指(　　)。
   A. 尽可能匹配更长的字符串　　　　　B. 尽可能匹配更短的字符串
   C. 只匹配数字　　　　　　　　　　　D. 不匹配任何字符串
6. 下列(　　)方法可以实现最小匹配。
   A. find()　　　　　　　　　　　　　 B. search()
   C. match()　　　　　　　　　　　　　D. findall()

7. 在正则表达式中,表示匹配数字的特殊字符是(　　)。
   A. \d                              B. \s
   C. \w                              D. \b
8. 通过(　　)可在正则表达式中匹配一个或多个数字。
   A. \d+                             B. \d*
   C. \d?                             D. \d{3}
9. 在正则表达式中,表示匹配一个或多个非数字的特殊字符是(　　)。
   A. \D                              B. \W
   C. \S                              D. \B
10. 通过(　　)可从文本中提取所有的邮箱地址。
    A. 使用 match() 方法               B. 使用 search() 方法
    C. 使用 findall() 方法             D. 使用 split() 方法

# 参 考 文 献

[1] 钱毅湘,熊福松,黄蔚. Python 案例教程 [M]. 北京:清华大学出版社,2020.

[2] 谷瑞,顾家乐,郁春江. Python 基础编程入门 [M]. 北京:清华大学出版社,2020.

[3] 刘凡馨,夏帮贵. Python3 基础教程 [M]. 2 版. 北京:人民邮电出版社,2020.

[4] 杨年华,柳青,郑戟明. Python 程序设计教程 [M]. 北京:清华大学出版社,2019.

[5] 黄红梅,张良均. Python 数据分析与应用 [M]. 北京:人民邮电出版社,2018.

[6] 黄锐军. Python 程序设计 [M]. 北京:高等教育出版社,2018.

[7] 董付国. Python 程序设计基础 [M].2 版. 北京:清华大学出版社,2018.

[8] Magnus Lie Hetland.Python 基础教程 [M]. 袁国忠,译. 3 版. 北京:人民邮电出版社,2018.

[9] 余本国. Python 数据分析基础 [M]. 北京:清华大学出版社,2017.

[10] 黑马程序员. Python 快速编程入门 [M]. 北京:人民邮电出版社,2017.

[11] KAZIL J, JARMUL K.Python 数据处理 [M]. 张亮,吕家明,译. 北京:人民邮电出版社,2017.

[12] 徐光侠,常光辉,谢绍词,等. Python 程序设计案例教程 [M]. 北京:人民邮电出版社,2017.

[13] 刘卫国. Python 语言程序设计 [M]. 北京:电子工业出版社,2016.

[14] 张若愚. Python 科学计算 [M]. 北京:清华大学出版社,2012.